現場で必要な基礎知識がわかる

Pythonによる
はじめての
機械学習
プログラミング

島田達朗　越水直人
早川敦士　山田育矢［著］

技術評論社

●免責

記載内容について

本書に記載された内容は、情報の提供だけを目的としています。したがって、本書を用いた運用は、必ずお客様自身の責任と判断によって行ってください。これらの情報の運用の結果について、技術評論社および著者はいかなる責任も負いません。

本書に記載がない限り、2019年3月現在の情報ですので、ご利用時には変更されている場合もあります。

以上の注意事項をご承諾いただいた上で、本書をご利用願います。これらの注意事項をお読みいただかずにお問い合わせいただいても、技術評論社および著者は対処しかねます。あらかじめ、ご承知おきください。

商標、登録商標について

本書に登場する製品名などは、一般に各社の登録商標または商標です。なお、本文中に™、®などのマークは省略しているものもあります。

# はじめに

機械学習の盛り上がりと現場とのギャップ

ビックデータ・人工知能・機械学習を活用したというニュースをよく見かけるようになりました。GoogleやFacebookをはじめとしたテクノロジー企業は膨大なデータを活用し、私たちの生活に大きな影響を与えるようになっています。

しかし、まわりを見渡しても機械学習を活用した事例は一部に限られ、まだまだ少ないようにみえます。筆者はこれを「**エンジニアが機械学習を学ぶことに対するハードルが高い**」からだと考えています。

何から学ぶべきか

機械学習を活用するために、理論を先に学ぶべきでしょうか？

あなたが教師として理論を教える立場を目指している場合や、データサイエンティストとして理論を理解したいのであればその答えはYesです。

しかし、いま目の前にあるデータから意味を見出し、ビジネスにインパクトを与えたいのであれば、理論を学ぶことからスタートする必要はありません。まずはPythonなどの便利なツールを用いて、データに実際にふれる面白さを体験してみてはいかがでしょうか。理論的な側面に興味が湧いてきたら、そこから理論を学んでいく方法もあります。先に理論から入ってその過程で挫折しまい、機械学習の利用を諦めてしまうのはもったいないといえます。

つまり、目の前のデータをどう扱えば役に立つのかを理解してからでも理論を学ぶのは遅くありません。

「勉強になった」で終わって欲しくない

そこで機械学習を学ぶためには、まず「Pythonで機械学習にふれて、でき

ることを体感してもらうこと」からはじめた方が良いと考え、本書を執筆するに至りました。

本書ではあえて理論的な部分は詳しくふれていません。それは「勉強になった」で終わって欲しくないからです。この想いから、具体的なデータを扱う方法を提示しながら手を動かす実践的な内容にしようと心がけました。ご自身の環境で試しながら読み進めていただくことをお勧めします。

本書の目的は、多くのエンジニアに機械学習とその周辺知識を身近に感じてもらい、現場で機械学習を活用する人を増やすことです。

読者のみなさんが本書を読み終わったあとに、実際のデータと向き合い、社会に対してアウトプットを出すことに貢献できたのであればこれ以上嬉しいことはありません。

機械学習のプロセスと本書の構成

1章では本書で紹介されているプログラムを実行するために、PipenvやJupyter Notebook等を用いて環境構築を行います。

2章以降の概略を理解するために、機械学習のプロセスを見ていきましょう。機械学習のプロセスは大きく4つに分類されます。

1. データ準備

機械が学習するためのデータを準備する必要があります。

2. 前処理（データ分析）

機械が学習するために準備したデータの整形を行います。また、データの傾向をつかむためにデータ自体を分析するのもこのステップです。

3. 学習（モデル作成）

前処理されたデータを用いて、機械が学習を行います。このステップを「モデル作成」と呼ぶこともあります。

4. 予測

学習結果を元に、未知のデータに対して予測を行います。

図 0.1 を見てください。いま説明した機械学習のプロセスと本書の構成との対応が確認できます。

図 0.1　機械学習のプロセスと本書の対応

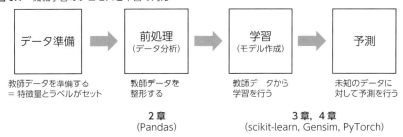

2 章では Pandas を用いて基礎的なデータの扱い方を学び、Stack Overflow という Q&A サイトの実際のデータを用いて前処理や考察の方法についてふれます。図 0.1 においては、「前処理（データ分析）」にあたります。2 章は今後データを扱う際にリファレンスとしても活用いただけます。前処理のあとの学習と予測については、3 章と 4 章で解説します。

もし最初から機械学習の実装について学びたい場合には、3 章から読みはじめても良いでしょう。3 章では scikit-learn を用いて、手を動かして機械学習をシンプルに実装しながら、データを分類する方法を学び、Flask を用いて機械学習を用いた API サービスの構築を行います。

最後に、4 章では機械学習の応用として Gensim と PyTorch を使った自然言語処理の手法について学び、それらを用いて日本語ニュース記事の分類を行います。

想定読者

本書では、以下のような読者を想定しています。

はじめに

- データ解析や機械学習というワードに興味があるが、何から勉強したらいいのかわからない方
- インフラ、Web アプリやネイティブアプリなど、機械学習以外でエンジニアとして業務経験があり、次のステップとして新たに自分の技術領域を広げてみたい方
- プログラミングをしながら、機械学習のできることを体感したい方

上記のような方であれば、機械学習を手を動かしながら学ぶのに最適な一冊となっています。

想定していない読者

一方で次のような方は読者として想定していません。

プログラミング「超」初心者の方

機械学習の初心者の方でも理解できるよう、できるだけ詳細に解説していますが、プログラミング（Python）の詳細な解説はしていません。プログラミングでつまずいてしまう方は、まずは Python 自体から学ぶステップが良いかもしれません。

すでにデータ解析や機械学習を現場で活用している方

例えば、機械学習の精度を測る評価値の意味を正しく理解し、活用している方は、本書よりもレベルの高い本を次のステップに選ぶべきかもしれません。

ディープラーニングの深い知識を得たい方

PyTorch を利用したディープラーニングの実装は紹介していますが、ディープラーニングの詳細な知識を得ることを目的に読むと物足りないかもしれません。

機械学習アルゴリズムや統計学の理論を学びたい方

繰り返しになりますが、本書ではあえて理論的な部分は詳しくふれていません。それは「勉強になった」で終わってほしくないという想いから、実践的な内容を多く含んだ構成になっているからです。

なぜPythonか

ここであらためてPythonについて紹介します。Pythonはオープンソースの動的プログラミング言語の1つで、2019年2月の「PYPL ※ PopularitY of Programming Language[注1]」において1位になるほど人気の言語です。

人気の理由はいくつかありますが、その1つに文法がとてもシンプルなので初心者にも扱いやすいという点が挙げられます。また、インデントが構文規則として定められているため、自然とコードがわかりやすく整形されたコードになるという点も大きな要素です。

メジャーなサービスでの利用実績も豊富で、例えばGoogle、YouTubeやDropboxといった大規模なサービスにおいて、Pythonがその裏側を支えています。

データ解析、機械学習の分野では欠かせない言語といえるでしょう。その理由は豊富な種類のライブラリにあります。SciPy、NumPy、Pandasなど多くの計算、統計処理のライブラリがPythonには多く揃っています。昨今流行りのディープラーニングが用いられるTensorFlow、Keras、Chainerといったライブラリはどれもpythonが実装に使われています。それらに続いて、国内外での使用実績が増えているPyTorch（Facebookが中心に開発しているライブラリです。4章で紹介します）もあります。本書ではこの中でも比較的利用頻度が高く、ニーズが高いライブラリなどをピックアップして解説しています。

注1 Google検索エンジンにおいてプログラミング言語のチュートリアルが検索された回数から、対象となるプログラミング言語がどれだけ話題になっているかをインデックス化したものです。http://pypl.github.io/PYPL.html

 謝辞

　本書の執筆者は、現場の第一線でデータ解析や機械学習を行っている方に集まっていただきました。共に執筆した山田育矢氏、早川敦士氏、越水直人氏に感謝いたします。複数人のそれぞれ異なる立場の方で集まって執筆ができたことにより、データ分析から機械学習での応用まで、幅広い範囲において現場で求められることを本書に詰め込むことができました。また、早期から意見を交換し、互いにレビューすることができたおかげで、スピード感を持って実直に進めることができました。私一人ではおそらく健全なプレッシャーがかからず、今回のようなペースでは出版までこぎつけることができなかったのではないかと思います。貴重なご意見をくださった伊藤徹郎さん、藤川真一さんをはじめとして支援してくださったみなさまに心より感謝申し上げます。最後に技術評論社の高屋さんには本書について企画から出版まで、粘り強くお付き合いいただき本当にありがとうございました。高屋さんなしでは本書はでき上がらなかったと思います。重ねて、感謝を申し上げます。

目次

第1章 Pythonによる機械学習プログラミングの準備
越水直人 (Naoto Koshimizu) 1

1.1 本書で扱う重要なPythonパッケージ 2
- 1.1.1 Pandas 2
- 1.1.2 scikit-learn 2
- 1.1.3 Flask 3
- 1.1.4 Gensim 3
- 1.1.5 PyTorch 3

1.2 本書の読み方 4
- 1.2.1 コードおよびコマンドの表示 4
- 1.2.2 importの決まりごと 5
- 1.2.3 サンプルデータとサンプルコード 5

1.3 Pythonのセットアップ 6
- 1.3.1 本書で用いるPython環境とバージョン 6
- 1.3.2 macOSへのPythonのインストール 7
  - 事前に必要なソフトウェアのインストール 8
  - Homebrewのインストール 8
  - Python 3のインストール 9
- 1.3.3 UbuntuへのPythonのインストール 10
  - debをアップデート 10
- 1.3.4 WindowsへのPythonのインストール 11
  - Python公式サイトからダウンロードする 11
  - インストールを実行する 12
  - Pythonがインストールできているか確認する 15
- 1.3.5 MeCabのインストール 15

		macOS 16
		Ubuntu 17
		Windows 17
	1.3.6	Graphviz のインストール 18
		macOS 18
		Ubuntu 18
		Windows 19
	1.3.7	Pipenv による仮想環境作成 20
		Pipenv とは 20
		Pipenv のインストール 21
		Pipenv による仮想環境の作成 22
		本書で用いる Python パッケージのインストール 24
	1.3.8	Python を記述する環境 25
		Visual Studio Code 26
		JupyterLab 26
1.4	**Visual Studio Code による Python の実行** 27	
	1.4.1	Visual Studio Code のインストール 27
	1.4.2	Visual Studio Code の設定 28
		Python 用拡張機能のインストール 28
		Pipenv による仮想環境の設定 29
	1.4.3	Visual Studio Code 上での Python ファイルの実行方法 ... 31
	1.4.4	Visual Studio Code を用いた Python のデバッグ方法 ... 33
1.5	**JupyterLab の基本** 39	
	1.5.1	JupyterLab の概要 39
		Jupyter Notebook とはなにか 39
		JupyterLab とはなにか 39
	1.5.2	セットアップ 40
		インストール 40
	1.5.3	JupyterLab の画面構成 41
		メインメニュー 42
		左サイドバー 43
		メインワークエリア 43
	1.5.4	Notebook の基本的な使い方 44

コード実行 44
グラフの表示 46
表形式データの表示 48
Markdown による文書の記述 49

第2章 Pandas による前処理とデータの分析
早川 敦士（Atsushi Hayakawa） 53

2.1 前処理とは 54
2.1.1 データ分析プロセスのフレームワーク CRISP-DM 55

2.2 iris データの操作 58
2.2.1 データの読み込み 60
2.2.2 データへのアクセス 64
2.2.3 1次元データ：Series 65
2.2.4 データの型 65
2.2.5 事例：型の変換 66

2.3 データフレームへの変換とデータフレームからの変換 70
2.3.1 データフレームの作り方 70
Pandas と Numpy 71
2.3.2 CSV ファイルへの書き出し 71
2.3.3 データフレームをリストや辞書型に変換 72

2.4 データフレームを用いた計算や集計 74
2.4.1 カテゴリーデータの種類や頻度 74
ユニークなデータの取得 74
2.4.2 ランキング 75
2.4.3 データの並び替え 76
2.4.4 基本的な集計 77
記述統計量 77
データフレームを用いた計算方法 77

2.4.5 グループごとの集計 79
2.4.6 複数の集計を計算 80

2.5 その他のデータ形式の操作 82
2.5.1 TSV 形式のデータ 82
2.5.2 Excel 形式のデータ 83
2.5.3 html のテーブルを読む 83
2.5.4 メモリに乗らないデータを逐次的に読み込む 84

2.6 データベースからのデータ取得 86
2.6.1 データベースとは 86
2.6.2 SQLite 形式のデータを作る 86
データベースの作成 87
2.6.3 SQL の実行 87
データの抽出 88
2.6.4 集計と結合 89
データに名前を付ける 89
四則演算 89

2.7 Pandas によるデータ分析の例 90
2.7.1 ライブラリとデータの読み込み 90
データの読み込み 90
データの確認 91
2.7.2 カテゴリカルな列を特定 93
リスト内包表記 93
カテゴリカルな列を抽出 93
型の変換 94
列名に型を対応付ける 95
2.7.3 データの整形 1 - 複数回答を異なる列へ展開 95
データフレームに変換して集計 96
データフレームの結合 98
2.7.4 データの整形 2 - 4 種類の回答を 3 種類にまとめる ... 99
関数の定義と解答の結合方法 100
実行時間の測定 101

- 2.7.5 データの整形 3 - 条件に一致する行を抽出 101
- 2.7.6 データの整形 4 - 縦方向のデータを横方向のデータに変換 ... 102
- 2.7.7 Plotly による可視化 105
  - 初期設定 105
  - グラフの描画 106
- 2.7.8 1連の前処理を連続して記述するメソッドチェーン ... 107
- 2.7.9 正規化と正則化 109
- 2.7.10 外れ値 110
- 2.7.11 データのサンプリング 115
  - Pandas によるサンプリング 116
  - scikit-learn によるサンプリング 116
- 2.7.12 欠損を含むデータの削除 117
- 2.7.13 欠損値の補完 117

第3章 scikit-learn ではじめる機械学習

島田 達朗 (Tatsuro Shimada)　121

3.1 機械学習に取り組むための準備 122
- 3.1.1 機械学習とは 122
- 3.1.2 機械学習を使うメリット 122
- 3.1.3 機械学習を使うデメリット 124
- 3.1.4 機械学習を用いるかの判断 124

3.2 scikit-learn による機械学習の基本 128
- 3.2.1 scikit-learn とは 128
- 3.2.2 教師あり学習と教師なし学習 128
- 3.2.3 教師あり学習における課題の取り組み方 132
  - 1. 教師データを準備する 132
  - 2. 教師データを整形する 132
  - 3. 教師データから学習を行う 133
  - 4. 未知のデータに対して予測を行う 133
- 3.2.4 データの準備 134

- 3.2.5 機械学習でデータを分類する 142
- 3.2.6 どんな特徴量が分類に貢献しているのか？ 145
- 3.2.7 別のアルゴリズムを試してみる 151
- 3.2.8 機械学習での予測結果に関する評価方法 156
  - 適合率と再現率 156
  - 適合率と再現率をコードで確認する 160
- 3.2.9 ここまでのまとめ 162

3.3 Flask と scikit-learn で API を構築する 163

- 3.3.1 マイクロサービスの考え方 163
- 3.3.2 機械学習のアプリケーションをつくるステップ 165
- 3.3.3 学習と予測を分けると得られるメリット 167
- 3.3.4 学習結果を保存し、読み込む 168
- 3.3.5 学習結果を用いて予測 API を構築する 171
- 3.3.6 Flask を起動してみる 171
- 3.3.7 学習結果を Flask から読み込み、予測結果を API で返す ... 172
- 3.3.8 まとめ 176

第4章 Gensim と PyTorch を使った自然言語処理

山田 育矢 (Ikuya Yamada)　179

4.1 自然言語処理とは 180

- 4.1.1 分布仮説と Word2vec 180
- 4.1.2 Word2vec の学習 182
- 4.1.3 単語の意味ベクトルの応用 183

4.2 Gensim で単語の意味ベクトルを学習する 184

- 4.2.1 Word2vec のモデル 184
- 4.2.2 学習データの生成 185
- 4.2.3 Gensim による学習 187
- 4.2.4 学習時に指定できる主要なパラメータ 188
  - ベクトルの次元数（size）.............................. 189
  - ウィンドウ幅（window）.............................. 189

　　　　　最小単語出現数（min_count） 190
　　　　　イテレーション数（iter） 190
　　　　　スレッド数（workers） 190
　　　4.2.5　意味ベクトルの視覚化 190
4.3　類語を検索する 193
　　　4.3.1　類語検索のアルゴリズム 193
　　　4.3.2　類語検索の実装 193
4.4　アナロジーの推論をする 196
　　　4.4.1　アナロジー推論のアルゴリズム 196
　　　4.4.2　アナロジー推論の実装 196
4.5　PyTorchで日本語ニュース記事を分類する 199
　　　4.5.1　データセットの準備 199
　　　4.5.2　学習済み意味ベクトルのテキスト形式への変換 200
　　　4.5.3　データセットの読み込みと語彙の作成 201
　　　4.5.4　モデルの定義 204
　　　4.5.5　モデルの訓練とテスト 206
4.6　本章のまとめと次のステップ 210

おわりに 213
索引 217
著者プロフィール 220

第 1 章

Pythonによる機械学習プログラミングの準備

越水 直人 (Naoto Koshimizu)

　本章では、本書を読み進めるにあたって必要な知識やルール、および Python 環境のセットアップ方法について解説します。

　Python は macOS、Windows、Linux などのさまざまな OS で実行できるプログラミング言語です。本章で、それぞれの環境での Python のインストール方法を紹介しますが、2 章以降では macOS での実行を前提として説明を行います。Windows や Linux などの他の OS を使用している方は、適宜置き換えて実行してください。

1.1 本書で扱う重要なPythonパッケージ

本書でスポットライトを当てるPythonパッケージを紹介します。各パッケージの詳しい説明や使用方法は次章以降で紹介するので、興味のあるパッケージが見つかれば、その章から読み進めてください。

1.1.1 Pandas

Pandas はPythonで表形式のデータを扱うためのパッケージです。表や時系列データの扱いを得意とし、主にデータの加工・集計に用います。単純なデータ集計であればPandasの機能だけで十分完結できるほど、多くの機能を備えています。より複雑なデータ分析であれば、入手したデータをPandasで加工し、機械学習や時系列分析用のパッケージに渡します。

このように、Pandasはデータ分析における入り口で用いるパッケージです。せっかくデータを手に入れても、扱いやすい形式に変換できなければ分析を始めることができません。Pandasを覚え、データを自由自在に加工できるようになると、スムーズな分析を行うことができます。

Pandasの詳しい使い方は2章を参照してください。

1.1.2 scikit-learn

scikit-learn はPythonで機械学習を行うためのパッケージです。主要な機械学習のアルゴリズムはほぼ実装されており、使い方が統一されているのが特徴です。そのため、scikit-learnの使い方を学ぶことで、多くの機械学習アルゴリズムを統一された方法で使うことができます。

scikit-learnの詳しい使い方は3章を参照してください。

1.1.3　Flask

Flask は Python で Web アプリケーションを作るためのフレームワークです。Django や Pyramid などの Python 用 Web フレームワークと比較すると、Flask はよりシンプルな、必要最低限の機能のみを揃えたフレームワークです。そのため、学習コストが低く、小規模な Web アプリケーションを作成するのに向いています。

3 章では、Flask を用いて、機械学習を組み込んだ簡単な Web アプリケーションの作成方法を解説します。

1.1.4　Gensim

Gensim は大規模な文書データに対するアルゴリズムを提供するパッケージです。Word2Vec やトピックモデルなど、自然言語処理で用いる手法を豊富に実装しています。また、テキストに出現する単語に ID を割り振ったり、単語の出現数を集計する操作を行う関数も用意されています。Gensim を使うことで、自然言語処理の前処理から分析までを一貫して行うことができます。

Gensim の詳しい使い方は 4 章を参照してください。

1.1.5　PyTorch

PyTorch は Python でニューラルネットワークを実装するためのパッケージです。

Facebook 社のエンジニアを中心に開発されており、既存のニューラルネットワーク用パッケージと比較して、より柔軟に、Python らしいコードでモデルを記述できる特徴があります。

PyTorch の詳しい使い方は 4 章を参照してください。

1.2 本書の読み方

本書の読み方、および Python のルールについて解説します。

1.2.1 コードおよびコマンドの表示

本書では、**図 1.1** のようなコードブロックに、Python のコードを掲載して解説します。このあと紹介しますが、サンプルコードを公開している場合は、コードの右上に**フォルダ名 / ファイル名**のように記載しています。

図 1.1　Python のコードを掲載したコードブロック　　　　　　　　　　(chX/Sample.py)
```
import numpy as np
a = np.arange(15).reshape(3, 5)
a
```

コードブロックに掲載した Python コードの実行結果を掲載する場合は、そのコードブロックの直後に「実行結果」として掲載しています。

(実行結果)
```
array([[ 0,  1,  2,  3,  4],
       [ 5,  6,  7,  8,  9],
       [10, 11, 12, 13, 14]])
```

macOS や Linux のターミナルで実行するコマンドについては**図 1.2** のように、Windows のコマンドプロンプトで実行するコマンドについては**図 1.3** のように、ターミナルブロックとして掲載します。

図 1.2　macOS や Linux におけるターミナルブロック
```
$ jupyter lab
```

図 1.3　Windows におけるターミナルブロック
```
> jupyter lab
```

1.2.2　import の決まりごと

Python パッケージを使用したコードを説明する場合、同じパッケージの import 文を同じ章で掲載するのは原則初出のみです（例外もあります）。

例えば、**図 1.4** のように NumPy の import 文が登場した場合、それ以降のコードブロックでは NumPy を import 済みとしたコードを**図 1.5** のようにして掲載します。

図 1.4　import 文を初出したコードブロック
```
import numpy as np
a = np.array([2,3,4])
```

図 1.5　後続のコードブロック
```
# numpyはnpとしてimport済みとする
b = np.arange(12).reshape(4,3)
```

1.2.3　サンプルデータとサンプルコード

本書で使用するサンプルデータとコードは、以下の URL で章ごとにフォルダを分けて公開しています。

https://github.com/ghmagazine/python_ml_book/

サンプルデータやコードの取り扱いについては、免責事項を確認の上、利用してください。

1.3 Pythonのセットアップ

本節では、Python環境のセットアップ方法について解説します。

1.3.1 本書で用いるPython環境とバージョン

macOSやLinuxなどのUnix系OSでは、あらかじめPythonがインストールされています。しかし、これらのOSで用意されているPythonのバージョンに違いがあるため、この環境とは別に最新バージョンのPython実行環境を新たに作成します。

このように、デフォルトの環境とは別に、プロジェクトごとにPythonの環境を作ることは、以下の観点から非常にお勧めです。

- プロジェクトごとに必要なライブラリやバージョンを分けやすい
- チームメンバー間で環境を統一しやすい
- 環境を作り直すときは環境ごと破棄して再作成すればよく、アンインストールする必要がないため簡単である

ちなみに、OSによってはインストールされているPythonのバージョンが2系の場合があります。その場合、2系を使うことは極力避け、3系を新たにインストールして使用してください。主に以下の観点から、現在においてPython 2系を積極的に採用する理由はありません。

- 互換性がないため、Python 2系からPython 3系に移植するのがやや手間
- Python 2系は現在のPython 2.7が最終バージョンになることが決定している

- Python 3系が十分成熟しており、主要ライブラリが Python 3 に対応している

　Python 3 系は、Python という言語をより良くするために開発された最新バージョンです。Python 3 系を開発する際、Python 2 系との後方互換性を崩した機能追加や変更が一部ありました。そのため、Python 2 系で問題なく動作していたコードが、Python 3 系で実行するとエラーになる場合があります。3 系で動くようにするためには、エラー箇所を愚直に書き直すか、Six[注1] という 2 系と 3 系の違いを吸収するライブラリなどを利用することになりますが、いずれにせよ手間がかかります。

　Python 3 系がリリースされた当初は、主要ライブラリが対応していないこともありましたが、現在は多くのライブラリが 3 系に対応しました。もちろん、本書で使用するライブラリはすべて 3 系で使用できます。2 系を使用することが考えられるのは、ライブラリ開発などで幅広いバージョンに対応する必要がある場合や、Python の実行環境が 2 系に限られているような場合です。データ分析に使用する場合は、Python 3 系で問題はありません。

　本書では 2019 年 1 月現在で最新版の Python 3.7 を使用します。

1.3.2　macOS への Python のインストール

　本書では Python のバージョンとして 3 系を用います。macOS には Python 3 は標準でインストールされていないため、自分でインストールする必要があります。今回は、macOS で人気のパッケージマネージャである **Homebrew** を使って Python 3 をインストールします。Homebrew は、Python 以外にもさまざまなソフトウェアをインストールできるツールです。使用したことのない人は、これを機会に使い方を覚えておくと便利です。

注1　https://pythonhosted.org/six/

▶事前に必要なソフトウェアのインストール

Homebrew をインストールするために、以下のソフトウェアを事前にインストールする必要があります。

- Xcode
- コマンドライン・デベロッパーツール

Xcode は、AppStore からインストールしてください。

コマンドライン・デベロッパーツールは、以下のコマンドをターミナルで実行してインストールします。

```
$ xcode-select --install
```

インストールの同意を求めるポップアップが出る場合は、内容を確認してインストールを進めてください。

▶Homebrew のインストール

Homebrew の日本語版サイトにアクセスします。

https://brew.sh/index_ja

トップページに表示されている以下のコマンドをターミナルで実行します。

```
$ /usr/bin/ruby -e "$(curl -fsSL https://raw.githubusercontent.com/ ↵
Homebrew/install/master/install)"
```

途中で Return の入力やパスワードの入力を求められるので、指示にしたがいインストールを進めます。

Homebrew が無事にインストールできたかどうか確認するために、以下のコマンドを実行してください。

```
$ brew doctor
Your system is ready to brew.
```

上記のように、Your system is ready to brew. と表示されれば問題なくHomebrew のインストールに成功しています。それ以外のメッセージが表示された場合でも、そのまま Homebrew を使用できる場合もありますが、なるべくメッセージにしたがって問題を解決することをお勧めします。解決方法がわからない場合、表示されているメッセージをそのまま検索サイトに入力して調べてみましょう。Homebrew は有名なソフトウェアなので、Web 上にたくさんの解決策が載っています。

▶ Python 3 のインストール

お待たせしました。いよいよ Python のインストールです。Python は、Homebrew を使えば簡単にインストールできます。以下のコマンドをターミナルで実行してください。

```
$ brew install python
```

初めて brew コマンドを実行する場合は時間がかかりますが、しばらく待つと Python 3 がインストールされ、python3 コマンドを使用できます。インストールできた Python のバージョンを確認しましょう。

```
$ python3 --version
Python 3.7.2
```

無事に Python 3 系がインストールできました。

Homebrew を使用して Python 3 をインストールすると、Python のパッケージインストーラである **pip** もインストールされます。

```
$ pip3 -V
pip 18.1 from /usr/local/lib/python3.7/site-packages/pip (python 3.7)
```

無事にpipもインストールできています。これで、macOSでPythonをインストールできました。

1.3.3 UbuntuへのPythonのインストール

Ubuntu 18.04 LTSにPythonをインストールする方法を説明します。別のLinuxディストリビューションを使用している方は、パッケージ管理ツールなどを適宜置き換えてください。

▶ debをアップデート

コマンドを使用してPythonをインストールします。ターミナルを開き、まずは**deb**パッケージ群をアップデートします。

```
$ sudo apt update -y
$ sudo apt upgrade -y
```

アップデートが完了したら、Pythonをインストールします。UbuntuにはPython 3.6が標準で同梱されていますが、バージョンが古いので、Python 3.7を別途インストールしましょう。以下のコマンドでPython 3.7をインストールできます。

```
$ sudo apt install -y python3.7 python3.7-dev
```

Python 3.7がインストールされたか確認しましょう。
-Vオプションでバージョンを確認できます。

```
$ python3.7 -V
Python3.7.1
```

次に、パッケージインストーラであるpipをインストールします。

pip 公式ページ[注2] に書かれている方法でインストールを行います。

```
$ curl -kL https://bootstrap.pypa.io/get-pip.py
$ sudo -H python3.7 get-pip.py
(中略)

(pipがインストールできたか確認)
$ pip -V
pip 18.1 from /usr/local/lib/python3.7/dist-packages/pip (python 3.7)
```

無事に pip がインストールできました。

1.3.4 Windows への Python のインストール

Windows 10 64bit 版に Python をインストールする方法を説明します。

▶ Python 公式サイトからダウンロードする

Python 公式サイトに Windows 用パッケージインストーラが用意されているので、以下の URL にアクセスし、2018 年 11 月時点で最新のバージョンである、3.7.1 をダウンロードします（**図 1.6**）。

https://www.python.org/downloads/windows/

自身の PC に合わせて、64bit/32bit を選択してください。

ここでは 64bit 版を用いるので、[Download Windows x86-64 web-based installer] をクリックします。32bit 版を用いる方は、[Download Windows x86 web-based installer] をクリックしてください。

注2　https://pip.pypa.io/en/stable/installing/

図 1.6 ダウンロードページ

▶インストールを実行する

ダウンロードしたパッケージインストーラをクリックし、表示にしたがいボタンを押していきます。今回はカスタマイズを行うので、[Customize installation] をクリックしてください（**図 1.7**）。

図 1.7　インストール画面／[Customize installation] を選択

次に、カスタマイズ画面で以下の2点を確認してください。

1. 「pip」にチェックがついていること（図 1.8）
2. 「Add Python to environment variables」にチェックがついていること（図 1.9）

図 1.8　インストール画面／pip のチェックを確認

図 1.9 インストール画面／Add Python to environment variables のチェックを確認

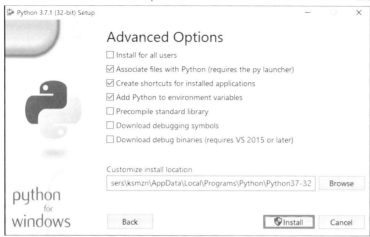

確認ができたら、[Install] をクリックしてインストールを開始します（**図 1.10**）。

図 1.10 インストール画面

インストールが完了しました。[Close] をクリックして閉じます。

▶ Pythonがインストールできているか確認する

Pythonがインストールされているか、実行して確認しましょう。

Windows 10が提供しているCortanaを使って、「コマンドプロンプト」を検索して起動し、以下のコマンドを実行しましょう。

```
> python -V
Python 3.7.1

> pip -V
pip 10.0.1 from c:\users\ksmzn\appdata\local\programs\python\python37-32\lib\site-packages\pip (python 3.7)
```

このような表示が確認できればインストールが成功しています。

1.3.5 MeCabのインストール

MeCabは、オープンソースの形態素解析エンジンです。**形態素解析**とは、意味を持つ最小の単位（形態素）に文章を分割し、その品詞や活用などの情報を解析することを指します。一般に、形態素と品詞や活用の種類などの情報を持つ語彙表（辞書）を用意し、その辞書を用いて形態素解析を行います。

単語情報を用いてテキストデータを分析する際は、日本語の文章は英語のように単語が空白で区切られていないため、まず形態素解析を行い文章を単語に分割する必要があります。以下は、MeCabを用いた形態素解析の結果です。

```
$ mecab
今日はいい天気ですね
今日    名詞,副詞可能,*,*,*,*,今日,キョウ,キョー
は      助詞,係助詞,*,*,*,*,は,ハ,ワ
いい    形容詞,自立,*,*,形容詞・イイ,基本形,いい,イイ,イイ
天気    名詞,一般,*,*,*,*,天気,テンキ,テンキ
です    助動詞,*,*,*,特殊・デス,基本形,です,デス,デス
ね      助詞,終助詞,*,*,*,*,ね,ネ,ネ
```

「今日はいい天気ですね」という日本語の文章が、単語に分割され、同時にそれぞれの単語の品詞や活用の種類が出力されています。

4章では、品詞や活用の種類などの情報は用いず、文章を単語に分割し、その単語のみを分析に用います。分割した単語のみを出力するには、-O wakati オプションを用います。

```
$ mecab -O wakati
今日はいい天気ですね
今日 は いい 天気 です ね
```

さきほどの結果と異なり、単語のみが空白で分割されて出力されました。この結果を用いて、自然言語処理を行います。

それでは、MeCab 本体と MeCab 公式サイトで推奨されている「IPA 辞書」をインストールしましょう。MeCab のインストール方法は、Python と同様に macOS、Ubuntu、Windows それぞれで説明します。

▶ macOS

macOS で MeCab を使用するには、Python のインストールと同様に、Homebrew を使うのが便利です。

以下のコマンドで、MeCab 本体と IPA 辞書をインストールしましょう。

```
$ brew install mecab mecab-ipadic
```

MeCab が正常にインストールできたか確認するために、mecab コマンドを入力してみましょう。mecab -O wakati と入力して Return キーを押し、続けて文章を入力して Return キーを押すと、単語分割された結果が出力されます。ここでは、試しに「今日はいい天気ですね」と入力してみます。

```
$ mecab -O wakati
今日はいい天気ですね
今日 は いい 天気 です ね
```

無事に単語に分割できました。

▶ Ubuntu

Ubuntu で MeCab をインストールする方法を解説します。Python と同様に、apt を用いてインストールします。

まず、MeCab をインストールするために必要なツールをインストールします。

```
$ sudo apt install -y swig
```

環境によっては、他のツールも必要になるかもしれません。その際は、エラーメッセージにしたがい、別途インストールしてください。

MeCab は以下のコマンドでインストールできます。

```
$ sudo apt install -y mecab libmecab-dev mecab-ipadic-utf8
```

▶ Windows

Windows で MeCab をインストールする方法を解説します。

Windows 32bit 版を使用している方は、MeCab 公式サイトにコンパイル済みの IPA 辞書が同梱されたバイナリが用意されています。以下の URL でダウンロードできます。

http://taku910.github.io/mecab/#download

Windows 64bit 版を使用している方は、ikegami-yukino 氏が提供しているコンパイル済みの MeCab をインストールするのがお手軽です。以下の URL でダウンロードできます。

https://github.com/ikegami-yukino/mecab/releases/download/v0.996/mecab-0.996-64.exe

特に設定を変えず、そのままインストールして問題ありません。

1.3.6 Graphviz のインストール

Graphviz は、オープンソースのグラフ描画ツールです。3章で決定木のツリー構造を描画する際に必要なので、ここでインストールしておきましょう。

Graphvizのインストール方法は、MeCabと同様にmacOS、Ubuntu、Windowsそれぞれで説明します。

▶ macOS

macOSでGraphvizを使用するには、PythonやMeCabのインストールと同様に、Homebrewを使うのが便利です。

以下のコマンドで、Graphvizをインストールしましょう。

```
$ brew install graphviz
```

Graphvizが正常にインストールできたか確認するために、dotコマンドを入力してみましょう。

dot -Vと入力すると、インストールしたGraphvizのバージョンが表示されます。

```
$ dot -V
dot - graphviz version 2.40.1 (20161225.0304)
```

筆者の環境ではバージョン2.40.1が無事にインストールされました。

▶ Ubuntu

UbuntuでGraphvizをインストールする方法を解説します。MeCabと同様に、aptを用いてインストールします。

```
$ sudo apt install -y graphviz
```

dot -Vと入力すると、インストールしたGraphvizのバージョンが表示さ

れます。

```
$ dot -V
dot - graphviz version 2.40.1 (20161225.0304)
```

筆者の環境ではバージョン 2.40.1 が無事にインストールされました。

▶ Windows

Windows で Graphviz をインストールする方法を解説します。

以下の Graphviz の公式サイトにアクセスし、使用している Windows に合わせて 64bit もしくは 32bit 用のインストーラをダウンロードしてください。

https://graphviz.gitlab.io/download/

ダウンロードしたインストーラをクリックすると、インストールが開始します。特に設定を変えず、そのままインストールして問題ありません。

インストールが完了したら、環境変数を変更して PATH を通します。Windows の場合、以下のようにして PATH を追加してください。

1. Cortana に「PATH」と検索すると、「システム環境の設定」が表示されるのでクリックして起動する
2. [詳細設定] → [環境変数] → [ユーザー環境変数] の [Path] 変数をクリックして選択 → [ユーザー環境変数] の [編集] → [新規] とクリックする
3. 使用している Windows に合わせて以下の値を追加する

    ・64bit の場合

    C:\Program Files (x86)\Graphviz2.38\bin

    ・32bit の場合

    C:\Program Files\Graphviz2.38\bin

    （Graphviz のバージョンによって、[Graphviz2.38] の数字が変わる可能性があります）

3. 編集が終わったらOKをクリックし、もしコマンドプロンプトを開いていたら一度閉じ、再度起動する

コマンドプロンプトで dot -V と入力すると、インストールした Graphviz のバージョンが表示されます。

```
# dot -V
dot - graphviz version 2.38.0 (20140413.2041)
```

筆者の環境ではバージョン 2.38.0 が無事にインストールされました。

1.3.7 Pipenv による仮想環境作成

次は、Python の仮想環境を作成し、本書で使用する Python のパッケージをインストールします。仮想環境とは、OS にインストールした Python の環境とは異なり、プロジェクトごとに作成された Python の環境です。

仮想環境を作成することで、プロジェクトごとに Python やパッケージのバージョンを分けることができます。また、その環境が不要になった場合、環境ごとに削除できるのでとても簡単です。

仮想環境の作成方法はいろいろありますが、今回は最近人気の **Pipenv** を用いた方法で作成します。

▶ Pipenv とは

Pipenv は、Python のパッケージや仮想環境の扱いを楽にするツールです。

従来は、仮想環境の作成には virtualenv [注3] などのツールを使い、パッケージングには pip を使うことが定番でした。Pipenv は、それらを統合して扱いやすくしています。内部で pip を使うことで Python のパッケージをインストールし、それを Pipfile と呼ばれるファイルに記載します。同時に、内部で

注3 https://virtualenv.pypa.io/en/latest/#

virtualenvを使うことでプロジェクト用の仮想環境の作成もしてくれます。このため、それぞれの使い方を覚える必要はなくなりました。

npm（Node.jsにおけるパッケージングツール）やbundler（Rubyにおけるパッケージングツール）などの、Python以外の言語のパッケージングツールに近い機能を提供しているため、別の言語の経験があれば馴染みやすいでしょう。

▶ Pipenvのインストール

Pipenvは、pipでインストールできます。

```
$ pip3 install --user pipenv
```

少しややこしいですが、pipによるパッケージのインストールは、本書では今回のみなので安心してください。今回pipを使用している理由は、PipenvがPythonの仮想環境を作成する工程で必要だからです。本書ではPipenvを使用してプロジェクトごとにPython仮想環境を作成するため、これ以降はpipで直接インストールすることはありません。

なお、環境によっては、上記のコマンドを実行した際に、pipenvなどのパッケージが格納されるの場所をPATHに追加するように警告が出ることがあります。筆者のUbuntu環境では、以下のような警告が出ました。

```
The scripts pipenv and pipenv-resolver are installed in '/home/ksmzn/.
local/bin' which is not on PATH.
Consider adding this directory to PATH or, if you prefer to suppress this
warning, use --no-warn-script-location.
```

macOS、Ubuntuの場合、以下のようにしてPATHを追加してください。

1. ホームディレクトリの「.bashrc」をエディタで開く（なければ作成する）
2. export PATH=~/.local/bin:$PATHと追記して保存する（このときのパ

スは、警告文の内容にしたがうこと）
3. ターミナルで source ~/.bashrc と実行し、変更を有効化する

　Windows の場合、Graphviz をインストールしたときに環境変数を追加した方法と同様の方法で、以下の PATH を追加してください。

C:\Users\<ユーザー名>\AppData\Roaming\Python37\Scripts

ユーザー名は自分の使用している名前に置き換えてください。

▶ Pipenv による仮想環境の作成

　Pipenv のインストールに成功したら、Python の仮想環境を作成します。任意の場所に好きな名前でディレクトリを作成し、その場所をプロジェクトで用います。ここでは、試しに「pythonbook」という名前のディレクトリを作成します。

```
(好きな場所でディレクトリを作成します)
$ mkdir pythonbook
$ cd pythonbook
```

　pythonbook ディレクトリに移動できました。それでは、ここに Python の仮想環境を作っていきましょう。以下のコマンドを入力し、Pipenv を用いて NumPy パッケージをインストールします。--python オプションを使って、Python のバージョンを指定して仮想環境も同時に作成します。

```
$ pipenv install numpy --python 3.7
```

　すると、以下のような出力が得られました。無事にインストールできたようです。

```
Creating a virtualenv for this project…
Pipfile: /Users/ksmzn/pythonbook/Pipfile
```

1.3 Pythonのセットアップ

```
Using /usr/local/Cellar/pipenv/2018.11.14/libexec/bin/python3.7 (3.7.1) to
create virtualenv…
✔ Complete
Also creating executable in /Users/ksmzn/.local/share/virtualenvs/
pythonbook-ZGOyLUR1/bin/python
Installing setuptools, pip, wheel...
done.
Virtualenv location: /Users/ksmzn/.local/share/virtualenvs/pythonbook-
ZGOyLUR1
Creating a Pipfile for this project…
Installing numpy…
Adding numpy to Pipfile's [packages]…
✔ Installation Succeeded
Pipfile.lock not found, creating…
Locking [dev-packages] dependencies…
Locking [packages] dependencies…
✔ Success!
Updated Pipfile.lock (2cfc5e)!
Installing dependencies from Pipfile.lock (2cfc5e)…
  🗌 ▪▪▪▪▪▪▪▪▪▪▪▪▪▪▪▪▪▪▪▪▪▪▪▪▪▪▪▪▪▪▪▪▪▪▪▪
1/1 — 00:00:00
To activate this project's virtualenv, run pipenv shell.
Alternatively, run a command inside the virtualenv with pipenv run.
```

この仮想環境を有効化して使用するために、以下のコマンドを実行します。

```
$ pipenv shell
Launching subshell in virtual environment…
 . /Users/ksmzn/.local/share/virtualenvs/pythonbook-ZGOyLUR1/bin/activate
(pythonbook) $
```

有効化できたかどうかは、ターミナルの先頭に「(pythonbook)」のように表示されているかで確認できます。この場合、今回作成した「pythonbook」の環境が有効になっていることを示しています。

仮想環境が有効になれば、その環境でインストールしたパッケージを使用できます。さきほどインストールしたnumpyを使えるかどうか、調べてみましょう。

```
(pythonbook) $ python
Python 3.7.1 (default, Nov  6 2018, 18:45:35)
[Clang 10.0.0 (clang-1000.11.45.5)] on darwin
Type "help", "copyright", "credits" or "license" for more information.
>>> import numpy
>>>
```

エラーなく、無事にインストールできたことが確認できました。もしくは、pip freeze コマンドでインストールされたパッケージ一覧を確認する方法もあります。

```
$ pip freeze
numpy==1.15.4
```

仮想環境を無効化するには、exit コマンドを実行します。

```
(pythonbook) $ exit
$
```

仮想環境をもう使わない場合、pipenv --rm コマンドを実行して仮想環境を削除できます。

```
$ pipenv --rm
Removing virtualenv (/Users/ksmzn/.local/share/virtualenvs/pythonbook-
ZGOyLUR1)…
```

▶本書で用いる Python パッケージのインストール

それでは、本書で用いる Python のパッケージをインストールしましょう。前節のように1つずつパッケージをインストールしても良いですが、必要なパッケージをすでに記載した Pipfile からインストールすることもできます。本書のサポートページに、Pipfile を用意しましたので、コードを実行したいディレクトリに Pipfile と Pipfile.lock をダウンロードし、以下のコマンドを実行してください。

サポートページ

https://gihyo.jp/book/2019/978-4-297-10525-9

```
$ ls
Pipfile      Pipfile.lock
$ pipenv install
```

複数のパッケージをインストールするため、完了までに時間がかかりますが、完了すれば本書で必要なパッケージはすべてインストールできた状態となります。もし、特定のパッケージのインストールに失敗した場合は、そのパッケージを個別にインストールしてください。

また、Matplotlibのグラフで日本語を表示するために、設定を変更する必要があります。設定方法をサポートページに用意しましたので、お使いの環境に合わせて設定してください。

1.3.8 Pythonを記述する環境

次は、Pythonのコードを記述するエディタについて解説します。

基本的には、どのようなエディタを使っても問題ありません。「メモ帳」のようなOS標準のエディタや、「秀丸エディタ」のような文書作成用のテキストエディタで書くこともできます。

しかし一般的に、コードに色を付けるシンタックスハイライトと呼ばれる機能やコード補間やデバッグ機能を提供するプログラミング用のエディタを使う方がより効率的にコードを記述できます。そのようなエディタもさまざまありますが、本書では、Microsoft社が提供するVisual Studio Codeと、インタラクティブにコードを実行できるJupyterLabを紹介します。

本書では、2章をJupyterLabで、3章と4章をVisual Studio Codeでの実行を前提に解説します。もちろん、VimやAtom、PyCharmなど、すでに手に馴染んでいるテキストエディタがある方は、そちらを使って構いません。

▶ Visual Studio Code

　Visual Studio Code は、プログラミングに必要な機能を多く備えた、オープンソースのエディタです。統合開発環境（IDE：Integrated Development Environment）に匹敵する機能を持ち、Python 以外のプログラミングでも人気を集めています。

　特に設定しなくても十分便利なエディタですが、Python 用の拡張機能を導入することで、デバッグ（プログラムに何か問題があったときに、原因を特定するための方法）実行や静的解析（コードの文法ミスやスタイルのチェック）機能を利用できます。

　次節で Visual Studio Code を用いた Python の実行方法を詳しく解説します。

▶ JupyterLab

　Visual Studio Code を紹介しましたが、実はデータ分析に一般的なエディタは向いていません。なぜなら、データ分析という作業の特性上、試行錯誤が不可欠だからです。

　通常、アプリケーション開発などのプログラミングをする際は、複数のファイルにコードを記述し、全体のファイルの組み合わせの完成度を高めていく工程を踏みます。一方、データ分析では、断片的なコードを実行して結果を確認し、コードを追加・修正することが多いため、短いコードを実行してすぐに確認できる環境が求められます。そのため、実際にデータ分析する際は、Python が標準で提供しているインタラクティブな実行環境（REPL：Read-Eval-Print Loop）を使う機会が増えます。

　しかし、この標準の REPL は最低限の機能しか提供していないため、メインの実行環境としては不便です。そこで、データ分析に向いているインタラクティブな実行環境として、**JupyterLab** を「1.5 JupyterLab」の節で紹介します。

1.4 Visual Studio Code によるPythonの実行

本節では、**Visual Studio Code** の設定方法およびPythonの実行方法を解説します。

1.4.1 Visual Studio Code のインストール

Visual Studio Codeは、macOS、Windows、主要なLinuxに対応しています。以下の公式サイトにアクセスし、使用するOSに対応するインストーラをダウンロードして実行してください（**図1.11**）。

Visual Studio Code ダウンロードページ

https://code.visualstudio.com/download

図1.11　Visual Studio Code ダウンロードページ

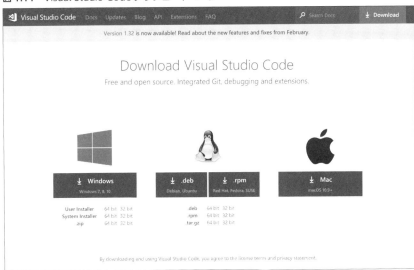

インストールを完了してVisual Studio Codeを起動すれば、すぐにエディタとして使用できます。使用している環境により、日本語環境への変更などを推奨されるため、お好みに合わせて選択してください。

1.4.2 Visual Studio Codeの設定

▶ Python用拡張機能のインストール

Visual Studio Codeは、特に設定を変更しなくても十分に便利な機能が利用できます。しかし、Python用の拡張機能を導入することで、より便利にPythonを実行できるようになります。

有志によりさまざまな拡張機能が用意されていますが、お勧めはMicrosoft社が提供しているPython用の拡張機能です。以下のようなプログラミングに必須の機能を多く用意しています。

- ・構文チェック
- ・デバッグ機能
- ・コード自動補完
- ・コードナビゲーション
- ・コード自動整形
- ・リファクタリング機能
- ・ユニットテスト
- ・その他多くの便利機能

Python用の拡張機能をインストールするには、画面左のメニューから拡張機能のアイコンをクリックし、検索ボックスに「Python」と入力して検索します（**図1.12**）。

図 1.12　拡張機能のダウンロード

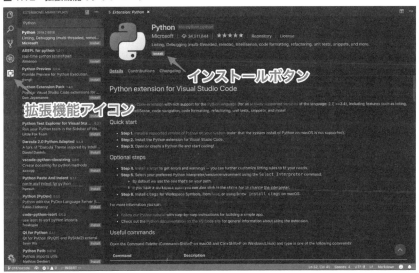

　「Python」と書かれた拡張機能が上位に表示されるので、それを開き[Install]ボタンをクリックすることでインストールが開始します。しばらく待って、ボタンが[Installed]と表示されれば、インストールが完了して拡張機能が有効になります（Visual Studio Code が古いバージョンの場合、Visual Studio Code の再起動が必要になる場合があります）。

▶ Pipenv による仮想環境の設定

　Visual Studio Code は、初期設定ではシステム環境の Python を使用します。本書では Pipenv で作成した Python の仮想環境を使用するため、設定を変更しましょう。

　上部メニューの [View] → [Command Palette] を押し、コマンドパレットを開きます（**図 1.13**）。コマンドパレットに「Python: インタープリターを選択」と記入し、クリックします。

第 1 章　Python による機械学習プログラミングの準備

図 1.13　コマンドパレット

すると、使用可能な Python 一覧が表示されます（**図 1.14**）。Pipenv で作成した Python 仮想環境を選択しクリックすると、Visual Studio Code で使用する Python 環境の設定が完了します。

図 1.14　使用可能な Python を一覧から選択

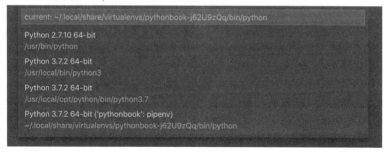

設定が適切に反映されているか確かめるために、画面左下部を確認しましょう（**図 1.15**）。作成した Pipenv 環境が表示されていれば、正しく設定できています。

図 1.15 現在の仮想環境の設定

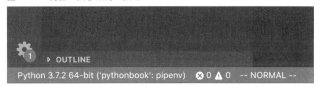

1.4.3 Visual Studio Code 上での Python ファイルの実行方法

それでは、実際に Python コードを実行してみましょう。

まず、Python ファイルの作成です。画面左メニューの最上部のアイコンを押し、ファイルエクスプローラーを開きます（**図 1.16**）。

図 1.16 新規 Python ファイル作成

[PYTHONBOOK]（通常は作成したディレクトリの名前が表示されます）にカーソルを合わせると、4 つのアイコンが現れます。1 番左のアイコンをクリックし、ファイル名として「hello.py」と入力すると、ファイルが作成されてエディタで自動的に開きます。これで、Python ファイルを作成できました。

次に、Python コードを書いてみましょう。

以下のコードを hello.py に記入してください。コピーペーストでなく、はじめは実際に入力してみてください。

```
message = 'Hello, Python Book!'
print(message)
```

　実際に入力すると、Visual Studio Codeによる自動補完機能が動作していることがわかります。例えば、printまで入力した際には、**図1.17**のように、print()関数の使い方を教えてくれます。

図1.17　print()の説明

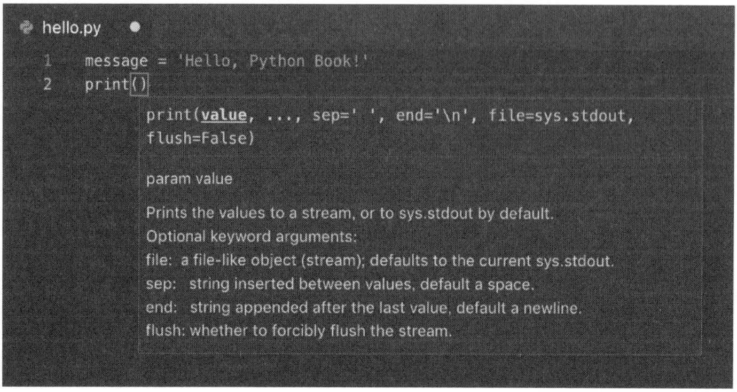

　この他にも、変数名やシンボル名を補完したり、使用できるメソッド名を一覧で表示してくれるなど、コーディングに便利な機能が用意されています。これだけでも、Visual Studio Codeを使用するメリットが感じられるはずです。

　さて、ファイルを保存するには、上部メニューの[File] → [Save]をクリックするか⌘キー + [S]（UbuntuやWindowsでは[Ctrl] + [S]）を押します。後者のようなキーボードショートカットを使用すると、コーディングスピードが格段に速くなるため、少しずつ覚えていくと良いでしょう。

　それでは、Pythonコードを実行しましょう。

　エディタの上で右クリックし、メニューから「ターミナルでPythonファイルを実行」をクリックします（**図1.18**）。すると、ターミナルが開き、hello.pyが実行されます。

図 1.18 Python ファイルを実行

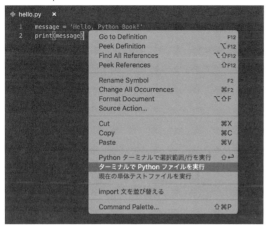

以下のように、ターミナルに Hello, Python Book! と表示されていれば、Python コードの実行に成功しています。

```
(pythonbook) $ /Users/ksmzn/.local/share/virtualenvs/pythonbook-j62U9zQq/bin/python /Users/ksmzn/pythonbook/hello.py
Hello, Python Book!
```

ファイル全体でなく、選択したコードのみを実行することも可能です。実行したいコードを選択し、エディタの上で右クリックし、メニューから[Python ターミナルで選択範囲 / 行を実行]をクリックします。これは、ファイル上のコードを部分的に試したいときに便利な機能です。

1.4.4 Visual Studio Code を用いた Python のデバッグ方法

デバッグとは、プログラムに含まれるバグを発見して取り除く一連の作業のことです。

簡単なデバッグ方法として、コードの中に print() を記入して変数の値を確認する、いわゆる print デバッグという方法があります。単純なコードで

あればprintデバッグで問題ありませんが、コードが複雑になるとバグの原因が特定しにくくなり、あちこちにprint()を記入して、デバッグが終わればそれらを手作業ですべて削除するというように、手間がかかります。

ここでは、Visual Studio CodeとPython拡張機能が提供するデバッガを用いて、より効率的なデバッグを行う方法を紹介します。

先ほどのhello.pyをデバッグしてみましょう。まず準備として、画面左メニューの上から4つめの[Debug]アイコンをクリックします。そして、画面上部の歯車アイコンをクリックすると、launch.jsonというファイル名が自動的に開きます（**図1.19**）。

図1.19 デバッグモードの設定

このファイルを編集することでデバッグの設定ができます。ここで、configurations項目に以下のように設定を追加して保存してください。

```
"version": "0.2.0",
"configurations": [
    // ここからの設定を追加
    {
        "name": "Python: Debug Console",
        "type": "python",
        "request": "launch",
        "program": "${file}",
        "console": "none"
    },
    // ここまでの設定を追加
    {
        "name": "Python: Current File (Integrated Terminal)",
```

```
        "type": "python",
        "request": "launch",
    (省略)
```

すると、画面左上の選択欄に、[Python: Debug Console] という構成が追加されるので、それを選択します。

それでは、デバッグを開始しましょう。もう一度 hello.py に戻り、エディタの 1 行目を示す「1」のやや左側をクリックしましょう。すると、赤い丸が表示されます（**図 1.20**）。

図 1.20　ブレークポイントの設定

```
hello.py  ×
  1    message = 'Hello, Python Book!'
  2    print(message)
  3
```

これは、ブレークポイントと呼ばれ、実行中のコードをこの場所で一時停止するように設定できます。同様に、2 行目にもブレークポイントを置きましょう。

次に、プログラムを**デバッグモード**で実行します（**図 1.21**）。

図 1.21 デバッグモード

　画面左上の緑色の三角アイコンをクリックしてください。このとき、画面最下部がオレンジ色に変化しますが、これはデバッグモードであることを示しています。

　コードが上から順に実行され、ブレークポイントが置かれた行でプログラムが停止します。エディタ上の黄色の行は、現在停止中の行を示しています。左側にある「VARIABLES」の欄では、これまでに定義された変数の値が一覧で表示されています。現在は、1行目を実行する前で停止しているので、メタ情報以外は表示されていません。

　それでは、プログラムを進めてみましょう。画面上部に出現した**デバッグツールバー**を使うと、プログラムを進めたり、停止することができます。デバッグツールバーの各アイコンは、**表 1.1** の機能を実行します。

表 1.1 デバッグツールバー

機能名	アイコン	説明
Continue		次のブレークポイントまでプログラムを進める。ブレークポイントがなければプログラムを終了する
Step Over		次の行までプログラムを進める。ブレークポイントがなければプログラムを終了する
Step Into		次の行までプログラムを進め、その行で実行する関数があればその内部に移動する
Step Out		次のブレークポイントまでプログラムを進め、その行を含んでいる関数があればその呼び出し元に移動する
Restart		プログラムを再実行する
Stop		デバッグモードを停止する

ここでは、1番左のアイコン [Continue] をクリックして、次のブレークポイントまでプログラムが進めましょう。hello.py の例では、2行目でプログラムが停止します。

このとき左側にある「VARIABLES」の欄に、message の変数が出現し、その値が「Hello, Python Book!」であると表示されています（**図 1.22**）。

図 1.22 message の値が表示されている

このように、「VARIABLES」を見ることは、そのプログラムが期待する挙動を示しているかを確かめるヒントとなります。

また、画面下部にある [DEBUG CONSOLE] では、[VARIABLES] の変数を定義済みの状態で Python コードを試すことができます（**図 1.23**）。

図 1.23 デバッグコンソール

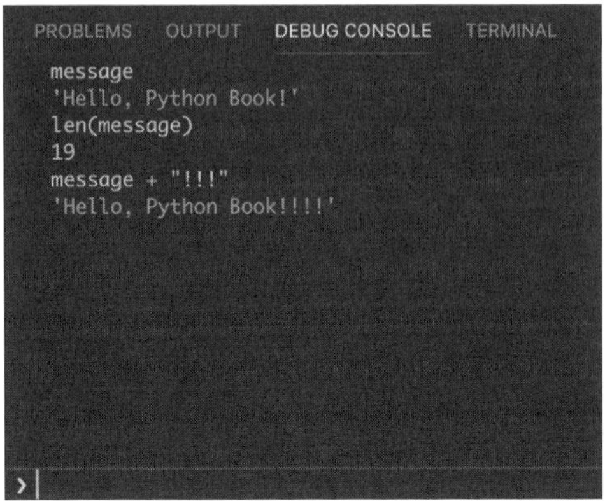

```
PROBLEMS    OUTPUT    DEBUG CONSOLE    TERMINAL
message
'Hello, Python Book!'
len(message)
19
message + "!!!"
'Hello, Python Book!!!!'
>
```

試しに、message や、len(message)、message + "!!!" と入力してみましょう。定義済みの message の値を使った Python コードが実行できることが確認できたはずです。

さらに [Continue] を押すと、これ以上ブレークポイントを設定していないため、プログラムが終了しデバッグモードも終了します。

以上が基本的なデバッグの流れとなります。[Continue] だけでなく [Step Into] や [Step Out] も使いこなせるようになると、より効率的にプログラムのバグを発見・修正できるようになります。より高度なデバッグの設定や操作方法を知りたい場合は、Visual Studio Code 公式ドキュメントを参照してください。

Visual Studio Code 公式ドキュメント

https://code.visualstudio.com/docs/python/debugging

1.5 JupyterLab の基本

本書で開発環境として主に使用する JupyterLab について解説します。

1.5.1 JupyterLab の概要

JupyterLab は、Jupyter Notebook をより便利に扱うことができる開発環境です。まず、Jupyter Notebook について解説します。

▶ Jupyter Notebook とはなにか

Jupyter Notebook とは、Web ブラウザ上で実行できる、Python のインタラクティブな実行環境です。その一番の特徴は、Python の実行結果や画像をコードのすぐ下に表示し、ノートを記載するかのように記述できることです。通常の Python ファイルを実行するのとは違い、過去に実行したコード片を修正して再度実行できます。作成した Notebook は、GitHub などで他の人と共有したり、PDF などの別形式に変換することもできます。Python だけでなく、R 言語や Julia、Scala などのさまざまな言語に対応していることも魅力の1つです。

データ分析の現場では、データ加工やパラメータ調整を何度も試行錯誤したり、分析を再現できるように手順を残すことは非常に重要です。そのため、コードの修正・再実行がしやすく、ドキュメントのような形で保存できる Jupyter Notebook は、データ分析者にとって欠かせないツールとして支持されています。

▶ JupyterLab とはなにか

JupyterLab は、Jupyter Notebook をより便利に扱うことができる実行環

境です。2018年2月にベータリリースされた新しいプロジェクトであり、活発に開発が進められています。JupyterLabの詳しい機能はこのあとで紹介しますが、本書の内容を手元で再現する際はJupyterLabの使用をお勧めします。

1.5.2 セットアップ

▶インストール

JupyterLabは、前節でインストール済みです。もしインストールしていない場合、以下のコマンドでJupyterLabをインストールし、仮想環境を有効化してください。

```
$ pipenv install jupyterlab
$ pipenv shell
```

インストールが完了したら、以下のコマンドを実行してJupyterLabを起動しましょう。

```
$ jupyter lab
```

すると、次のURLでブラウザが立ち上がり、JupyterLabの画面が表示されます(**図1.24**)。

http://localhost:8888/lab

図 1.24 JupyterLab を起動した画面

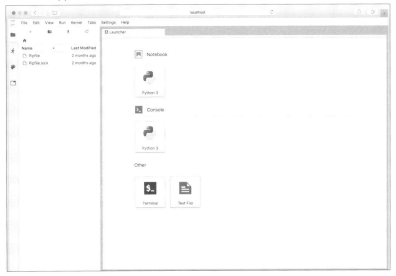

無事、JupyterLab が起動できていることが確認できました。

1.5.3 JupyterLab の画面構成

JupyterLab の画面は大きく 3 つの要素で構成されています（**図 1.25**）。

- メインメニュー
- 左サイドバー
- メインワークエリア

第1章 Pythonによる機械学習プログラミングの準備

図 1.25 JupyterLabの画面

▶メインメニュー

画面上部に位置するメニューバーには、JupyterLabに関するさまざまな機能が用意されています（**表 1.2**）。

表 1.2 メニューバーの機能

機能名	説明
File	Notebookやテキストファイルの作成・保存など、ファイルに関する操作
Edit	セルの編集・コピーなど、Jupyter Notebookやドキュメントの編集に関する操作
View	実行結果やコードの表示・非表示設定など、見た目に関する操作
Run	セルに書かれたコードや選択範囲の実行など、コードの実行に関する操作
Kernel	立ち上げているJupyterLabの再起動や終了など、実行中のカーネルに関する操作
Tabs	タブの開閉やタブ移動など、タブに関する操作
Settings	テーマやキーバインドなどの基本設定
Help	JupyterLabのバージョン情報や、JupyterLabやPython、NumPyなどのレファレンスを開く

▶左サイドバー

画面左に位置するサイドバーは、ファイルブラウザやタブ一覧など、JupyterLab においてよく使われる機能が配置されています（**図1.26**）。このサイドバーは、上記したメニューバーの [View] から開閉できます。

図1.26　左サイドバーの機能

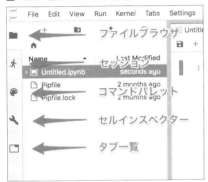

左サイドバーには**表1.3**のような機能があります。

表1.3　左サイドバー

機能名	説明
ファイルブラウザ	JupyterLab を起動したフォルダのファイル一覧。フォルダを作成したり、ファイルを追加できる
セッション	起動中のセッション一覧。起動中の Notebook やターミナルを停止できる
コマンドパレット	JupyterLab 上で使用できるコマンドを検索し、実行できる
セルインスペクター	セルに関する設定を行う。JupyterNotebook を開いているときのみ表示される
タブ一覧	現在開いているタブの一覧

▶メインワークエリア

画面右側に、Notebook やドキュメントなど、作業するファイルを表示します。JupyterLab を起動した段階では、Launcher（**図1.27**）と呼ばれるメニューが表示されており、**表1.4**に示す項目が用意されています。

図1.27 Launcher

表1.4 メインワークエリアのメニュー

項目	説明
Notebook	Jupyter Notebookを作成できる。Pythonだけでなく、設定を追加すれば別の言語でも作成できる
Console	REPL (対話的プログラミング環境) を起動する
Other	ターミナルを起動したり、空のテキストファイルを開く

　次章では、主にJupyter Notebookを使用しますので、基本的な使い方を説明します。

1.5.4　Notebookの基本的な使い方

▶コード実行

　図1.26の「Notebook」をクリックすると、**図1.28**のような画面が表示されます。これがJupyter Notebookです。

図 1.28　Notebook を起動した画面

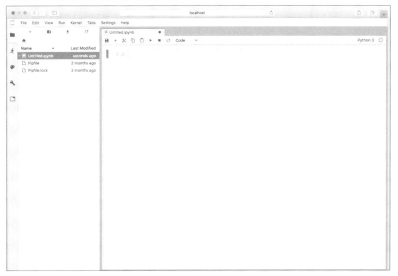

それでは、この Notebook にコードを書いてみましょう。[ ]: と表示されている右側のテキストボックスを**セル**と呼びます（**図 1.29**）。

図 1.29　セル

このセルに以下のコードを記述し、実行して結果を確認します。

```
print("Hello, JupyterLab!")
```

セルにカーソルを合わせた状態で、Shift + Enter を押すと、コードが実行されます（**図 1.30**）。

図1.30 Printの出力()

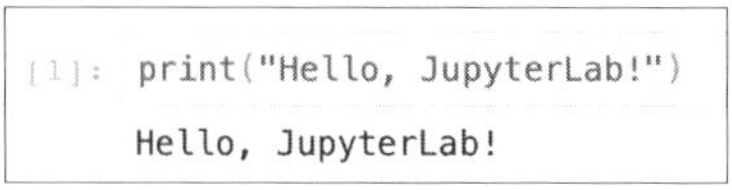

```
[1]: print("Hello, JupyterLab!")
     Hello, JupyterLab!
```

無事にPrintした結果が表示されました。セルに書かれたコードを実行すると、実行の順に [ ]: に数字が入るので、どのセルをどの順に実行したかを確認できます。

複数行のコードやコメントを記述したり、変数や関数を定義することもできます。

```
num = 1 # 定数の定義

# 関数の定義
def increment(n):
    return n + 1

increment(num) # 関数を使用
```

このコードを実行すると、2と表示されます（**図1.31**）。一度定義した定数や関数は、別のセルでも利用できます。

図1.31 定数、関数の定義した結果の出力

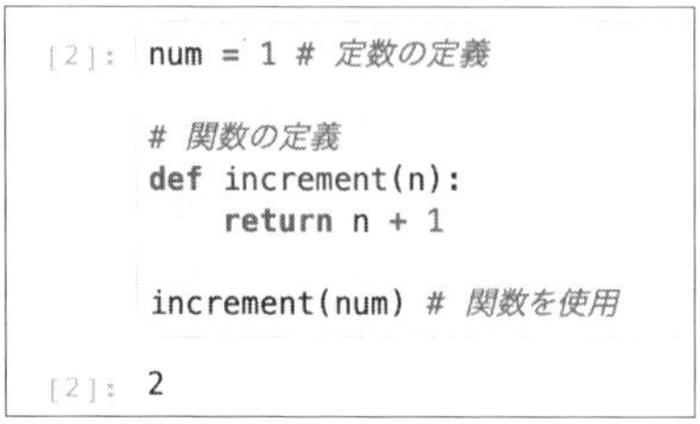

```
[2]: num = 1 # 定数の定義

     # 関数の定義
     def increment(n):
         return n + 1

     increment(num) # 関数を使用
[2]: 2
```

▶ グラフの表示

Pythonの人気の可視化パッケージである**Matplotlib**を使って、Jupyter Notebook上でグラフを表示してみましょう。

Matplotlibも、JupyterLab同様1.3.7項でインストール済みです。もしインストールしていない場合、JupyterLabを一度停止して、Matplotlibをインストールする必要があります。ターミナルに戻り、control + C を押すと、JupyterLabを停止するか確認されるので、yと入力し停止します。

以下のコマンドを実行し、パッケージをインストールしましょう。インストールに成功したら、再度JupyterLabを起動します。

```
$ pipenv install matplotlib
$ jupyter lab
```

JupyterLabの画面で、Matplotlibをインポートします。

```
import matplotlib.pyplot as plt
```

何もエラーが起きておらず、無事にインストールできています。それでは、グラフを表示してみましょう。

以下のコードをセルに記述し、実行してください。

```
import numpy as np

t = np.arange(0.0, 2.0, 0.01)
s = np.sin(2 * np.pi * t)

fig, ax = plt.subplots()
ax.plot(t, s)
```

図 1.32 のようなグラフが表示されます。

図1.32 グラフの出力

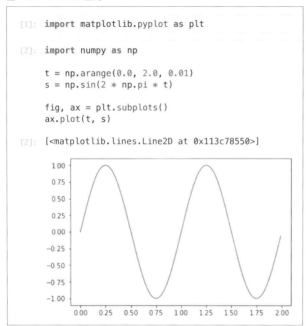

▶表形式データの表示

次に、表形式のデータをノートブック上に表示してみましょう。
2章でも用いるPandasをインストールし、JupyterLabを起動します。

```
$ pipenv install pandas
$ jupyter lab
```

JupyterLabが起動したら、以下のコードをセルに記述して実行してみましょう。

```
import pandas as pd
import numpy as np
pd.DataFrame(np.random.randn(6,4), columns=list('ABCD'))
```

表が見やすい形式で出力されます(**図1.33**)。

図 1.33　表の出力

```
[1]: import pandas as pd
     import numpy as np
     pd.DataFrame(np.random.randn(6,4), columns=list('ABCD'))
```

[1]:

	A	B	C	D
0	1.662108	-1.826481	0.361074	0.570134
1	-0.594170	1.395878	-1.658912	-0.333327
2	0.491347	-0.491929	-0.137224	-2.775889
3	-1.365677	-0.844677	1.803379	-1.101257
4	-0.838444	2.234691	-0.271886	0.294809
5	0.052014	-0.623624	-0.269991	-0.757971

▶ Markdown による文書の記述

Markdown とは、シンプルな記法で文書を記述できる軽量マークアップ言語の1つです。Jupyter Notebook に、コードだけでなく Markdown で文書を記述することで、より柔軟なドキュメントを作成できます。

Markdown を記述するには、デフォルトでは「Code」となっているセルのモードを「Markdown」に変更する必要があります（**図 1.34**）。

図 1.34　セルのモードを変更

以下の Markdown をセルに入力してみてください。

```
## これは見出しです

ふつうのテキストです

> 引用文です
```

>>ネストします

1. リスト1
2. リスト2
3. リスト3

　セルに入力中の段階で、Markdown の記法としてカラーがハイライトされていることがわかります（**図 1.35**）。

図 1.35 Markdown を入力中

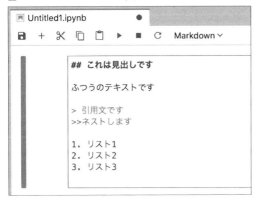

　それでは、Python コードのときと同様に、セルを実行してみてください。Markdown が実行され、記法に対応したスタイルが表示されます（**図 1.36**）。

図 1.36 Markdown が出力された

　以上のように、文書やグラフ、データを組み合わせて記述できるのが Jupyter Notebook の魅力です。まさに Notebook のように、自由自在にドキュメントを作成できることを実感いただけたでしょうか。

　本書で紹介した Jupyter の機能はほんの一部にすぎません。もっと多くの使い方を知りたい場合は、公式ドキュメントか、池内 孝啓、片柳 薫子、岩尾 エマ はるか、@driller 著「Python ユーザのための Jupyter［実践］入門」（技術評論社、2017 年）に詳しくまとまっていますので参照してください。

第 2 章

Pandasによる前処理とデータの分析

早川 敦士(Atsushi Hayakawa)

　本章では、Pandasを用いたデータの扱い方を紹介します。データ分析をする上で、データを自由自在に操ることができるのは重要なスキルの1つです。データはさまざまな形式で提供されています。例えば、日頃から目にするようなExcelであったり、CSVもしくはTSV形式のようなテキストファイルがあります。これらの読み込み方法、集計方法、出力方法を紹介します。このようなデータの前処理は試行錯誤しながら学ぶことが適切ですので、本章はJupyterLab上での実行を前提としています。

2.1 前処理とは

データの**前処理**は、データ分析業務のなかで7割から8割ほどを占めると言われるほど、多くの作業時間を必要とします。ここでいう前処理とは、データを取得し加工し、分析できるような状態にするまでのことを指します。例えば、日本政府による公共データを公開する取り組みであるデータカタログサイト[注1]があります。このサイトでは、PDF、HTML、XLS、XLSX、HTML、CSV、ZIP形式でデータが提供されています[注2]。また、取得方法にしても、WebAPIのようにHTTPもしくはHTTPSでインターネット上のリソースにアクセスする方法や、MySQLやPostgreSQLのようなデータベースからデータを抽出する方法もあります。その時々においてデータの取得方法が異なり、またフォーマットも違うために、これらを自身が分析しやすい形に変換しなければなりません。

このような用意されたデータセットを分析するのではなく、インターネット上のテキストを分析対象とすることもあります。対象となるブログやWebサイトをクローリングと呼ばれる技術を用いて巡回し、テキストを取得します。本文以外にもメニューやフッターなどの不要なテキストが含まれることもあるので、本文のみを抽出したり、検索エンジン向けに定義されているメタキーワードを抽出したりします。

このように、多種多様なデータソース、データ形式を1つにまとめて分析しやすい形に変換する処理を前処理と呼びます。「Garbage in, Garbage out」という言葉があります。不適切なデータを用いた分析は結果が無価値になるという意味です。適切なデータで有益な分析結果を導く手助けになることを目指して本章を執筆しました。

注1 http://www.data.go.jp/data/dataset
注2 サイト上では大文字小文字を区別していますが、実質的に同じなので省略します。

2.1.1 データ分析プロセスのフレームワーク CRISP-DM

- CRISP-DM
- KDD (Knowledge Discovery in Database)
- SEMMA (Sample, Explore, Modify, Model and Assess)

これらは各プロセスの区切り方は異なるのですが、フローは共通しています。ここでは、**CRISP-DM** と呼ばれるフレームワークを紹介します。他のフレームワークについて学びたい人は次の URL で公開されている資料を参照してください。

データ分析でよく使う前処理の整理と対処

https://researchmap.jp/?action=cv_download_main&upload_id=149566

CRISP-DM ではデータ分析のプロセスを次のように分けます（**図 2.1**）。

- Business Understanding（ビジネス課題の理解）
- Data Understanding（データの取得と理解）
- Data Preparation（データの前処理およびデータマートの作成）
- Modeling（モデリング）
- Evaluation（モデルの評価）
- Deployment（モデルの本番投入）

図 2.1　CRISP-DM

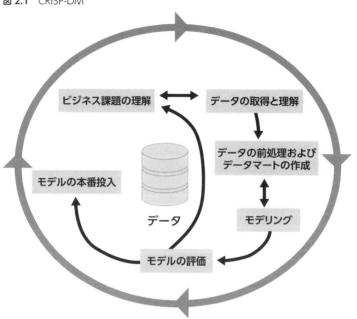

　プロセスの第 1 ステップとして「ビジネス課題の理解」があります。取り掛かる問題は何であるかを理解します。分析者自身がその課題に精通している場合を除き、他の専門職（営業やカスタマーサクセスなど）と連携が重要です。何が問題で、どのような状態が理想的であるかを深く議論する必要があります。

　第 2 ステップは「データの取得と理解」です。取り組む課題に応じて必要なデータが変わります。データがどのような調査によって集められたのか、どのようなシステムによって蓄積されたのかを知る必要があります。例えば、男性向けの雑誌で回答されたアンケート結果で女性向けの課題を解決することは不適切かもしれません。また、各データの定義を正確に理解しなければなりません。どんな質問項目か、選択式か自由回答か、未回答を認めるのか、事前にできる限り調べておきます。次のステップで誤った前処理をしてしまうのを防ぐことにつながります。

　第 3 ステップは「データの前処理およびデータマートの作成」です。データ

分析できる状態にするために、データの前処理をします。必要に応じてデータマートを作り、分析の手間を減らすためのデータベースを整備します。以降のステップは「モデリング」「モデルの評価」「モデルの本番投入」です。これらは 3 章「scikit-learn ではじめる機械学習」で紹介します。

2.2 iris データの操作

統計学者であるフィッシャーの研究で利用された iris データを用います。フィッシャーのアイリスデータと呼ばれることもあります。iris データは 3 種類のあやめの花を調査した結果が記録されており、シンプルで扱いやすいデータなので前処理の練習として選びました。次の 3 種類の品種を調査し、

- setosa
- virginica
- versicolor

次の 4 つのデータが記録されています。

- がく片の長さ
- がくへんの幅
- 花びらの長さ
- 花びらの幅

実際にデータをダウンロードしてみましょう。データは次の URL からダウンロードできます（**図 2.2**）。

https://archive.ics.uci.edu/ml/datasets/Iris

なお、本章のサンプルコードは Notebook にまとめて以下の URL で公開します。

https://github.com/ghmagazine/python_ml_book/

図 2.2 iris データのダウンロード

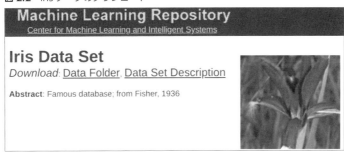

JupyterLab の [Upload Files] ボタンからダウンロードしたファイルを選択するなどして、作業用ファイルに移動させてください（**図 2.3**）。

図 2.3 Upload Files

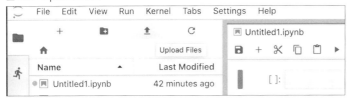

[Data Folder] をクリックすると iris.data というファイルがあります。これがデータ本体です。後述するコードでこのデータを用いますので、iris.data.csv と名前を付けて保存してください。

このファイルは次のようになっています。

```
5.1,3.5,1.4,0.2,Iris-setosa
4.9,3.0,1.4,0.2,Iris-setosa
4.7,3.2,1.3,0.2,Iris-setosa
4.6,3.1,1.5,0.2,Iris-setosa
5.0,3.6,1.4,0.2,Iris-setosa
```

このようにコンマで区切られた CSV（Comma Separated Value）データをダウンロードできます。このデータには列名（カラム名と呼ばれることもある）が書かれていません。

「Attribute Infomation:」[注3]を見ると、それぞれの列は左から次のようになっています。

- sepal length
- sepal width
- petal length
- petal width
- class

ここでsepalはがく片、petalは花びら（花弁）を指します。
続いて、データの読み込み方法と列名を付与する方法を紹介します。

2.2.1 データの読み込み

Pandasによるデータの読み込み方法を解説します。本章はPandasの解説を目的としているので、Pythonについての詳細は解説していません。Pythonの入門的な知識については、辻 真吾著「Python スタートブック［増補改訂版］」（技術評論社、2018年）などを参考にしてください。また、最初から順に手を動かしてコードを実行することを前提に記載していますので、途中の解説から読みはじめると出力結果が変わることがあります。

まずは、Pandasを用いてirisデータ読み込みます。

```
import pandas as pd
iris = pd.read_csv('iris.data.csv', header=None)
```

Pandasでは**データフレーム**と呼ばれる形式でデータを扱うことができます。データフレームは表形式の2次元データで、ラベル付きの行と列を持ちます。

1行ずつプログラムを見ていきます。import pandas as pdという箇所で

[注3] https://archive.ics.uci.edu/ml/datasets/Iris

Pandasを呼び出して、pdという名前を付けています。これでpd.のあとにPandasの機能を指定して呼び出すことができるようになります。

次にpd.read_csvで呼び出せる関数を用います。この関数を利用するとirisデータのようなCSVファイルを読み込むことができます。Pandasのread関数には、read_excel（Excelファイル）やread_html（HTML形式の表）のようにデータを読み込むための関数があらかじめ用意されています。これら以外のデータ形式を読み込む関数もあり、次のURLに一覧があります。

https://pandas.pydata.org/pandas-docs/stable/user_guide/io.html

サンプルコードにおけるread_csv関数の引数には、iris.data.csvとheader=Noneが書かれています。前者のiris.data.csvはダウンロードしたデータへのパス（Path）を指定します。後者のheader=Noneのように書くと、先頭行にヘッダーがないデータとして読み込みます。分析対象のデータにヘッダーがある場合はこの引数を省略します。

読み込んだデータをJupyterLab（もしくはJupyter Notebook）で表示すると、**図2.4**のようになります。以降、表形式のデータを記載する場合は画面のスクリーンショットではなく、テキストに起こします。

図2.4 Pandasで読み込んだirisデータ

```
iris
     0    1    2    3            4
0  5.1  3.5  1.4  0.2  Iris-setosa
1  4.9  3.0  1.4  0.2  Iris-setosa
2  4.7  3.2  1.3  0.2  Iris-setosa
3  4.6  3.1  1.5  0.2  Iris-setosa
4  5.0  3.6  1.4  0.2  Iris-setosa
5  5.4  3.9  1.7  0.4  Iris-setosa
```

header=Noneとしたので、列名は0, 1, 2, 3, 4となっています。そして、5.1, 3.5, 1.4のように1行目のデータが続きます。一番左側にある行方向の0, 1, 2,

3, 4は行番号です。

読み込んだデータに対して列名を付与するには、次のようにします。

```
iris.columns = ['sepal_length', 'sepal_width', 'petal_length', 'petal_width', 'class']
```

もしくは、データを読み込むときに引数namesで列名を付与することもできます。

```
pd.read_csv('iris.data.csv', names=['sepal_length', 'sepal_width', 'petal_length', 'petal_width', 'class'])
```

列名を付与すると、データが次のように変わります（**図2.5**）。

図2.5 列名を付与したirisデータ

```
iris.columns = ["sepal_length", "sepal_width", "petal_length", "petal_width", "class"]
iris
```

	sepal_length	sepal_width	petal_length	petal_width	class
0	5.1	3.5	1.4	0.2	Iris-setosa
1	4.9	3.0	1.4	0.2	Iris-setosa
2	4.7	3.2	1.3	0.2	Iris-setosa
3	4.6	3.1	1.5	0.2	Iris-setosa
4	5.0	3.6	1.4	0.2	Iris-setosa

列名を付与することによって、データを列で呼び出すときにiris[0]ではなくiris['sepal_length']のように名前で呼び出すことができるようになり、コードの可読性が向上します。

Pandas上でirisがどのような状況で保持されているかを確認するために、iris.info()を実行します（**図2.6**）。このようなデータの概要についても以降ではテキストで記載します。

図 2.6 iris データの概要

```
iris.info()

<class 'pandas.core.frame.DataFrame'>
RangeIndex: 150 entries, 0 to 149
Data columns (total 5 columns):
sepal_length    150 non-null float64
sepal_width     150 non-null float64
petal_length    150 non-null float64
petal_width     150 non-null float64
class           150 non-null object
dtypes: float64(4), object(1)
memory usage: 5.9+ KB
```

info では、次の内容が確認できます。

- データ行数
- 列の値
- メモリの使用量

この出力結果を見ると次のことが分かります。

- 150 行のデータがあり、インデックスとして 0 から 149 が振られている
- Data columns（データの列）には次の 5 つがある
  - sepal_length
  - sepal_width
  - petal_length
  - petal_width
  - class

Data columns の class は Pandas 上では object（文字列は object に含まれます）と呼ばれる型になっていて、それ以外の列は float64（64bit の浮動小数点数）です。データの型についての詳細は後述します。また、このデータを

読み込むことによって、約 5.9KB のメモリが消費されています。インデックスには名前をつけることができますが、通常はデータフレーム作成時の行番号を割り当てます。

2.2.2 データへのアクセス

特定の行や列の番号を指定してデータを取得するには、iloc を用います。iloc はデータフレームが持つメソッドで、iris.iloc のように書きます。iloc[行番号 , 列番号] を指定することで、任意のデータにアクセスできます。行番号および列番号は 0 から始まります。

- 1 行目で 1 列目のデータは iris.iloc[0, 0]
- 1 行目で 2 列目のデータは iloc.iloc[0, 1]

また、1 行目のすべての列のデータを取得するときは次のようにします。

- iris.iloc[0, :]

ここでの : はすべての列を意味しています。つまり、iris.iloc[:, 0] とすれば、1 列目のすべての行のデータにアクセスします。

1 行目から 10 行目のデータにアクセスしたいときは、次のようにします。0:9 のようにして、範囲を指定します。

- iris.iloc[0:9, :]

複数の列名を指定してデータにアクセスするには、次のようにします。

- iris.loc[:, ['sepal_length', 'sepal_width']]

すべての行（: で指定）と列 sepal_length と sepal_width を取得します。

列名のみ指定する場合は loc を省略して、次のようにします。

- iris[['sepal_length', 'sepal_width']]

これらを組み合わせて、iris.loc[:, ['sepal_length', 'sepal_width']].iloc[1:10, :] とすることもできます。

データフレームの先頭から 5 行だけを表示するには次のようにします。

- iris.head(n=5)

表示する行数は n=5 で指定します。末尾のデータを表示するときは、iris.tail(n=5) とします。

2.2.3　1 次元データ：Series

データフレームでは 2 次元のデータを扱っていましたが、1 つの列もしくは行のみを扱うこともあります。これを Pandas では **Series 型**と呼びます。

Python では type という関数を用いてオブジェクトの型を取得できます。

type(iris.iloc[:, 0]) を実行すると、pandas.core.series.Series が返ってくることが分かります。ここでは 1 例目の Series 型を取得しました。

基本的に 2 次元のデータフレームと同様の処理ができ、Series 型を複数まとめたデータがデータフレームです。

2.2.4　データの型

Pandas のデータフレームにはいくつもの型があり、データに応じた適切な型の選択が重要です。

- object：任意のデータに対して使えるが、通常は文字列
- int8：符号あり 8 ビット整数 ($-2^8 \sim 2^{8-1}$ の整数)

- int64：符号あり 64 ビット整数 (-2^{64}～2^{64-1} の整数)
- float64：符号あり 64 ビット浮動小数点数（-1.7976931348623157e+308～1.7976931348623157e+308 の小数）
- bool：True もしくは False の 2 値データ
- datetime64：時刻
- timedelta：2 つの datetime64 の差
- category：カテゴリカルなデータ（都道府県や血液型など分類可能なデータ）

大きなデータを扱うときほど型に配慮する必要があります。適切な型を選択することによって、メモリの使用量を抑えることができます。例えば、整数しか扱わないような列であっても、float64 は各数字に対して 64 ビット必要です。もし -128 から 127 までの整数しか扱わないことが明らかであれば、int8 を指定すれば 8 ビットで済むのでメモリを効率的に使えます。上記以外にも、int16、int32、float16、float32 などの型があります。

2.2.5 事例：型の変換

例として、iris の品種が入っている列（class）を object 型から category 型に変換してみましょう。astype というメソッドを使うことで型を変換できます。

```
iris['class'] = iris['class'].astype('category')
```

ここで改めて iris.info() を実行し、品種をカテゴリーデータとしたときの iris データを確認します。

(実行結果)
```
<class 'pandas.core.frame.DataFrame'>
RangeIndex: 150 entries, 0 to 149
Data columns (total 5 columns):
sepal_length    150 non-null float64
```

```
sepal_width     150 non-null float64
petal_length    150 non-null float64
petal_width     150 non-null float64
class           150 non-null category
dtypes: category(1), float64(4)
memory usage: 5.0 KB
```

class が category 型として扱われていることが分かります。また、型を変換することによってメモリの使用量が減っています。型を変換する前では、memory usage には 5.9KB+ と表示されていましたが、変換後では、5.0KB となっています。データサイズが大きければ、大きな効果が期待できます。

型を指定してメモリを節約する必要がある場合は、read_csv の引数の dtype を用いてデータを読み込むときに設定することをお勧めします。次のように実行します。同時に列名も指定しています。データの型やメモリの節約に興味がある人は、sepal_length などで指定されいてる float64 を float32 や float16 に変更して、メモリ使用量を確認してみてください。

```
iris = pd.read_csv('iris.data.csv',
                   names=['sepal_length', 'sepal_width', 'petal_length', ↩
'petal_width', 'class'],
                   dtype={'sepal_length': 'float64',
                          'sepal_width': 'float64',
                          'petal_length': 'float64',
                          'petal_width': 'float64',
                          'class': 'category'})
```

float64 型を int64 型に変換するときは category 型と同様に astype を用います。int64 型は整数のための型なので、変換すると値が整数になります。

```
iris['sepal_length'].astype('int64')
```

object 型に変換したいときは、同様に次のようにします。

```
iris['sepal_length'].astype('object')
```

このように、object、int64、float64、bool、category などの型への変換は astype を使うことができます。

datetime64 への変換は少し異なり、to_datetime という関数を利用します。

```
datetime_sample1 = pd.Series(['2018-10-01 00:00', '2018-10-02 00:00', ↗
'2018-10-03 00:00'])
datetime_sample1 = pd.to_datetime(datetime_sample1)
```

日時が先ほどの例と異なる場合は、自身でフォーマットを定義する必要があります。to_datetime の引数の format に指定します。

```
datetime_sample2 = pd.Series(['2018年10月01日 00時00分', '2018年10月03日 ↗
00時00分', '2018年10月05日 00時00分'])
datetime_sample2 = pd.to_datetime(datetime_sample2, format='%Y年%m月%d日 ↗
%H時%M分')
```

また、timedelta 型は 2 つの datetime64 の引き算によって作ります。

```
datetime_sample2 - datetime_sample1
```

データを読み込むときに日付データとして処理することもできます。動作確認用のデータとして、test_datetime_csv という変数を作り、ファイルに一度書き込んでから、Pandas を用いて csv ファイルを読み込みます。parse_dates には datetime 型として処理する列名を指定して、parse_dates=['y'] とします。2 列目が日付データのときは parse_dates=[1] とすることもできます。

```
test_datetime_csv = '''
x,y
10,2018-10-01 00:00
20,2018-10-02 00:00
'''
with open('test_datetime1.csv', 'w') as f:
    f.write(test_datetime_csv)
```

```
pd.read_csv('test_datetime1.csv', parse_dates=['y']).info()
```

2018年10月01日 00時00分のような日付データは、Pandasでは標準的に扱える形式ではないので、日付データとして正しく解析するためのパーサーを自分で定義する必要があります。次のようにparserを定義して、read_csvの引数date_parserにparserを与えます。parserには、pd.datetime.strptimeを利用して日付の解析をします。1つめの引数はパースしたいデータを、2つめの引数には日付フォーマットを指定します。%Yは四桁の西暦、%mは月、%dは日、%Hは時間、%Mは分を意味します。

```
raw_csv = '''
x,y
10,2018年10月01日 00時00分
20,2018年10月05日 00時00分
'''
with open('test_datetime2.csv', 'w') as f:
    f.write(raw_csv)
def parser(date):
    return pd.datetime.strptime(date, '%Y年%m月%d日 %H時%M分')
pd.read_csv('test_datetime2.csv', parse_dates=['y'], date_parser=parser).info()
```

2.3 データフレームへの変換とデータフレームからの変換

データフレーム形式と他のデータ形式を自由に行き来する方法を紹介します。変数をデータフレームに変換したり、データフレームを辞書型に変換したりできます。

2.3.1 データフレームの作り方

データを CSV などから読み込むのではなく、プログラムによってデータフレームを作る方法もいくつかあります。

1つは、Python の辞書型からデータフレームを作る方法です。

```
sample_data = {'x1': [1,2,3], 'x2': [10, 20, 30]}
pd.DataFrame(sample_data)
```

(実行結果)

	x1	x2
0	1	10
1	2	20
2	3	30

もう1つの例は、Numpy の行列からデータフレームを作る方法です。

```
import numpy as np  # Numpyの読み込み
matrix = np.random.randn(10,3)   # ランダムな数字が入っているNumpyの行列
pd.DataFrame(matrix)  # Numpyの行列をデータフレームに変換
```

(実行結果)

	0	1	2
0	0.916203	2.190356	-0.121649
1	1.030282	0.790947	-1.919908
2	0.772234	-0.052962	0.614937
3	-1.177351	-0.632693	-0.318563
4	-0.129017	0.292540	-0.109982
5	0.250187	-0.416757	0.049143
6	-0.510119	0.534763	-0.850898
7	0.964411	1.073862	-0.424628
8	-0.611024	0.165634	0.315426
9	-0.150795	0.390933	-0.310200

▶ Pandas と Numpy

Pandas は **Numpy** というライブラリに依存しています。Numpy は科学計算用の基礎的なライブラリで、多次元配列を計算時間の観点から効率的に処理できます。その一方で、Numpy だけでは集計や結合などの分析機能が不十分です。このような処理は Pandas の方が利便性が高いのですが、Numpy を素で扱う場合と比較して処理速度が遅くなりがちです。処理内容や要求される速度に応じて Numpy そのままで計算したり、Pandas のデータフレームに変換して計算するのがお勧めです。データフレームを Numpy の多次元配列に変換するには、iris.values のようにします。

2.3.2 CSV ファイルへの書き出し

CSV ファイルを読み込むだけでなく、CSV ファイルに書き出すこともできます。iris.to_csv('file.csv') とすることで、データフレームを CSV ファイルで書き出します。列名を書き出さないようにするには、引数 header を False にします。行名を書き出さないようにするには、引数 index を False にします。

2.3.3 データフレームをリストや辞書型に変換

データフレームとして扱っているデータを Python の配列や辞書の形式に変換することもできます。それぞれ、tolist と to_dict メソッドを使います。

```
iris['class'].tolist()  # 配列を取得する
iris.to_dict()  # keyが列名、valueに行名がkeyでデータがvalueな辞書を入れ
子に持つ辞書
iris.to_dict('records')   # keyが列名、valueがデータとなる辞書をレコード
単位で配列にする
```

説明だけではイメージしにくいので、実行結果もあわせて記します。

以下は tolist を用いて列を配列形式で取得した結果です。

(実行結果)
```
['Iris-setosa',
 'Iris-setosa',
 'Iris-setosa',
 'Iris-setosa',
...(省略)
```

以下は to_dict を用いて、辞書を入れ子に持つ辞書型に変換しています。

- key：列名
- value：行名が key、データが value

(実行結果)
```
{'sepal_length': {0: 5.1,
  1: 4.9,
  2: 4.7,
  3: 4.6,
...(省略)
 'sepal_width': {0: 3.5,
  1: 3.0,
```

```
 2: 3.2,
 3: 3.1,
 4: 3.6,
 5: 3.9,
...(省略)
```

　以下は to_dict('records') を用いて、key が列名、value がデータとなる辞書形式の配列に変換した例です。

（実行結果）

```
[{'sepal_length': 5.1,
  'sepal_width': 3.5,
  'petal_length': 1.4,
  'petal_width': 0.2,
  'class': 'Iris-setosa'},
 {'sepal_length': 4.9,
  'sepal_width': 3.0,
  'petal_length': 1.4,
  'petal_width': 0.2,
  'class': 'Iris-setosa'},
 {'sepal_length': 4.7,
  'sepal_width': 3.2,
  'petal_length': 1.3,
  'petal_width': 0.2,
  'class': 'Iris-setosa'},
...(省略))
```

　このようにして、データフレームからデータを自在に取り出すことができます。データフレームでの集計や結合を主眼におくのではなく、HTML の表を Pandas でパースした結果などを扱いたいときに、辞書型や配列に変換することがあります。

2.4 データフレームを用いた計算や集計

1変数での変換や集計、2変数以上で集計する方法を紹介します。

2.4.1 カテゴリーデータの種類や頻度

カテゴリーデータは、前述のirisデータでいうclassのように他のデータと区別できる名前や値を持つ分類可能なデータを指します。例えばアンケートに性別を記入してもらうことを考えると、「男性」と「女性」がそれぞれ何回か出現します。それぞれのカテゴリーがどれくらい出現するかを知ることは、データ分析を進める上で非常に重要です。男性ばかりに回答してもらっているアンケートなのか、均等に回答してもらっているアンケートなのかを知らずに分析したら、誤った結論を出してしまうかもしれません。また、前処理の過程でプログラムのミスによって、それぞれの出現回数が変わってしまうことも考えられます。ここではカテゴリーデータを重複のないユニークなデータにして概観を掴んだり、それぞれの分類が何件ずつあるかを調べたりする方法を紹介します。

▶ユニークなデータの取得

データフレームからユニークなデータを取得するにはuniqueというメソッドを利用します。iris["class"].unique()を実行すると、[Iris-setosa, Iris-versicolor, Iris-virginica]が得られます。

"Categories (3, object): [Iris-setosa, Iris-versicolor, Iris-virginica]"と表示され、出力結果の型が"category"になっているのは、iris["class"]がcategory型になっているためです。

object型でも同様の結果が得られることを確認するには、iris["class"].astype("object").unique()を実行してみてください。ユニークな要素が何件

あるかは iris["class"].nunique() とすることで取得できます。また、このユニークな要素がそれぞれ何件ずつあるかを調べるには iris["class"].value_counts() と実行します。すると、次のような結果が得られます。

(実行結果)
```
Iris-virginica     50
Iris-versicolor    50
Iris-setosa        50
Name: class, dtype: int64
```

2.4.2 ランキング

各データの数値の大きさから**ランキング**（順位）を得るには rank というメソッドを用います。例えば、sepal_length をランキングに変換するには、iris['sepal_length'].rank() のようにします。

rank にはいくつかの引数を与えることができます。利用頻度が高い引数として、method、na_option、ascending があります。method='average' のように引数 method を指定することで、同順位のときの挙動を変えます。

例えば、10,20,20,40,30 というデータに対して処理する場合、method の挙動と結果は次のようになります。

- average：順位の平均値（デフォルト）
  1.0, 2.5, 2.5, 5.0, 4.0
- min：順位を小さい方に寄せる
  1.0, 2.0, 2.0, 5.0, 4.0
- max：順位を大きい方に寄せる
  1.0, 3.0, 3.0, 5.0, 4.0
- first：データの並び順が早い方を優先
  1.0, 2.0, 3.0, 5.0, 4.0
- dense：min と同じように順位が小さい方に寄せ、順位が1ずつ増える

1.0, 2.0, 2.0, 4.0, 3.0

na_option は NA 値（欠損値）に対する順位の処理方法を変更します。

- keep：NA のまま（デフォルト）
- top：昇順で最も小さい順位
- bottom：降順で最も小さい順位

ascending は順位を降順か昇順のどちらにするか指定します。降順にしたい場合は False を与えます。デフォルトでは昇順です。

例えば、トップ5のデータを画面に表示したい場合は first を使わなければ、順位5以上のときに確実に5件のデータを表示ができません。データベースに保存する場合に整数が要求されるときは、average を使うことができません。システムやサービスによって、同順位の扱い方は変わります。

2.4.3 データの並び替え

データの**並び替え**には、sort_values や sort_index を用います。sort_values は指定した列に基づいて降順や昇順にデータフレームを並び替えてくれます。sort_index は行名に基づいてデータフレームを並び替えます。行名はデータフレーム作成時に1行目のデータには0がつけられ、順に大きな値となります。自身で定義することもできますが、ここでは割愛します。昇順の場合は引数 ascending を True にし、降順の場合は False にします。デフォルトでは昇順です。

sort_values で 'sepal_length' を並び替えに使用する例を紹介します。

(sort_values で並び替え)
```
iris.sort_values(by=['sepal_length'])
```

次が sort_index で並び替える例です。

(sort_index で並び替え)
```
iris.sort_index()
```

　データの加工方法によって、データ読み込み時の並び順と加工後のデータの並び順が変わってしまうことがあります。それを元に戻したい場合にsort_indexを用います。行名は列名のように名前や数値を変更できます。この行名に基づいて並び替えたい場合にも有用です。行名が文字列の場合にsort_indexで並び替えをするとアルファベット順になります。

2.4.4　基本的な集計

　ここでは基本的な集計方法を紹介します。また、要素をグループ化して集計する方法も紹介します。

▶記述統計量

　データの概観をとらえる方法の1つとして**記述統計量**があります。身近な統計量としては、平均値があります。合計値や最大値、最小値も記述統計量に含まれます。平均値に近い統計量として中央値（メジアン）があります。平均値は合計値をサンプルサイズ（標本の大きさ，n数）で割った値ですが、中央値はデータを小さい順に並べたときの真ん中の値で、分布が左右対称でない場合は平均値と異なる値になります。中央値はデータを小さい順に並べたときの真ん中の値なので、50％点とも呼びます。50％点の他には、25％点（第一四分位数）、75％点（第三四分位数）も使われることが多いです。

　データのバラつき具合を表す指標として、分散と標準偏差があります。標準偏差を二乗した値が分散です。標準偏差が小さいほどデータのバラつきが小さいことを示し、標準偏差が大きいほどデータのバラつきが大きいことを示します。

▶データフレームを用いた計算方法

　Pandasにはデータの読み込みをする機能だけでなく、データ分析に必要な

集計をする機能も含まれています。例えば、sepal_length の合計値を知りたいときは次のようにします。

```
iris['sepal_length'].sum()
```

同様に sepal_width の合計値を知りたいときは次のようにします。

```
iris['sepal_width'].sum()
```

また、平均値を求める場合は次です。

```
iris['sepal_length'].mean()
```

最大値は次のようにして求めます。

```
iris['sepal_length'].max()
```

このように、sum や mean などのメソッドによってさまざまな統計量を求めることができます。**表 2.1** に代表的な記述統計量を示します。

表 2.1 代表的な記述統計量

統計量	メソッド名
合計	sum
平均	mean
中央値	median
最大	max
最小	min
標準偏差	std
分散	var

このような代表的な記述統計量を一度に求める方法も用意されています。次を実行してください。

```
iris['sepal_length'].describe()
```

describe を実行すると、データ数 (count)、平均 (mean)、標準偏差 (std)、最小値 (min)、25% 点 (25%)、中央値 (50%)、75% 点 (75%)、最大値 (max) が表示されます。

(実行結果)

```
count    150.000000
mean       5.843333
std        0.828066
min        4.300000
25%        5.100000
50%        5.800000
75%        6.400000
max        7.900000
Name: sepal_length, dtype: float64
```

JupyterLab（もしくは Jupyter Notebook）を利用してインタラクティブにデータ分析するときに、describe を使うと一度に複数の統計量を得ることができるので便利です。

2.4.5 グループごとの集計

前項ではすべての品種について統計量を算出していましたが、groupby を用いることで品種ごとに**集計**できます。ここでは品種ごとに集計する方法を紹介します。iris データには品種 (class) が含まれています。品種ごとに合計を求めてみます。

```
iris.groupby('class').sum()
```

groupby を実行すると、次のような結果が得られます。

(実行結果)

	sepal_length	sepal_widt	petal_length	petal_width
class				
Iris-setosa	250.3	170.9	73.2	12.2
Iris-versicolor	296.8	138.5	213.0	66.3
Iris-virginica	329.4	148.7	277.6	101.3

sum を使う代わりに max や mean のような記述統計量を求めることもできます。

2.4.6 複数の集計を計算

aggregate というメソッドを用いることによって、複数の集計を同時に実行できます。もしくは agg でも同様の結果を得ることができます。引数に [np.mean, np.sum] のように複数の関数を与えることができます。np.mean は Numpy の平均値を求める関数で、np.sum は Numpy の合計値を求める関数です。Numpy の関数のみでなく、自前で定義した関数も利用できます。

```
iris.groupby('class').aggregate([np.mean, np.sum])
```

aggregate を実行すると、次のような結果を得ることができます。

(実行結果)

	sepal_length		sepal_width		petal_length		petal_width	
	mean	sum	mean	sum	mean	sum	mean	sum
class								
Iris-setosa	5.006	250.3	3.418	170.9	1.464	73.2	0.244	12.2
Iris-versicolor	5.936	296.8	2.770	138.5	4.260	213.0	1.326	66.3
Iris-virginica	6.588	329.4	2.974	148.7	5.552	277.6	2.026	101.3

この集計結果の各要素にアクセスするには次のようにします。

```
iris.groupby('class').aggregate([np.mean, np.sum])['sepal_length']['mean']
```

次のように sepal_length のみの集計結果が得られます。

（実行結果）

class	
Iris-setosa	5.006
Iris-versicolor	5.936
Iris-virginica	6.588
Name: mean, dtype:	float64

2.5 その他のデータ形式の操作

ここまでは iris データをもとに、カンマ区切りの CSV データの読み込みおよび書き込みをしました。本節ではこれ以外のデータの操作方法とメモリに乗らないデータの扱い方について解説します。

2.5.1 TSV 形式のデータ

タブで区切られている **TSV**（Tab Separated Values）データが使われることがあります。各要素においてタブ文字が使われることは少ないので、区切り文字と要素内の文字を区別しやすく好まれる傾向があります。Pandas で読み込んだデータを TSV に変換して保存してみます。

```
iris.to_csv('iris.data.tsv', sep='\t', index=None, header=None)
```

TSV 形式での保存にも to_csv というメソッドを使うことができます。このときに sep='\t' とすることで区切り文字をタブにします。プログラム上では、\t がタブを意味します。引数 index には None を指定します。これを指定しない場合は行番号がファイルに保存されます。通常の分析では、行番号を必要としないでしょう。header=None とすると列名を除いて保存します。列名を必要とする場合もあるかと思いますが、紹介のために引数に指定しました。

TSV 形式で保存したデータを読み込むには次のようにします。

```
pd.read_table('iris.data.tsv', header=None)
```

また、read_csv の引数に sep="\t" として読み込むこともできます。

2.5.2 Excel 形式のデータ

TSV 形式で保存したときと同じようにして、Excel 形式のデータも扱うことができます。iris を Excel 形式にして保存する例を紹介します。Python 3 で Excel データを扱うには openpyxl と xlrd というライブラリを追加でインストールする必要があります。コマンド上にて pipenv install openpyxl xlrd でインストールできます。

```
iris.to_excel('iris.data.xlsx', index=None)
```

前述の to_csv を to_excel にするだけです。このファイルを Excel で開くことができます。

読み込むときは、次のようにします。

```
pd.read_excel('iris.data.xlsx', , sheet_name=0, index=None)
```

Pandas で Excel ファイルを読み込むときは、sheet_name=0 のようにシート名を指定します。デフォルトの sheet_name=0 は新規作成時に最初から作られているシート番号です。複数のシート名がある場合は、何番目かを指定する数字かシート名の文字列を与えます。

2.5.3 html のテーブルを読む

Web サイトの表を Pandas を用いて読み込むことができます。html の table タグで記述されている表に限りますが、read_html という関数を用います。例題として、次の Web サイトを見てみましょう。

会社案内｜技術評論社

http://gihyo.jp/site/profile

このページには 2 つの table タグが利用されています（2019 年 1 月現在）。

1つは会社情報で、もう1つは沿革です。Pandasを用いると次の短いコードで処理できます。次のコードが実行できない場合は、lxmlというライブラリがインストールされていない可能性があります。pipenv install lxmlでlxmlをインストールできます。

```
import requests
res = requests.get('http://gihyo.jp/site/profile')
pd.read_html(res.text)
```

requestsはPythonでHTTPを扱うためのライブラリでWebサイトからデータを取得できます。requests.getで引数に指定したURLにアクセスしてデータを取得します。resにrequests.getの結果を代入したときは、res.textが取得したHTMLです。このHTMLをpd.read_htmlのようにPandasのread_htmlを使うだけで、HTML内のtableタグで記述された表をデータフレームに変換します。

このページには2つのtableタグがあるので、戻り値は長さ2の配列となっており、1つ目に会社情報、2つ目に沿革が入っています。この2つのデータは、pd.read_html(res.text)[0]やpd.read(res.text)[1]のようにして、各データフレームにアクセスできます。

2.5.4 メモリに乗らないデータを逐次的に読み込む

Pandasではデータを読み込むときは、一度にすべてのデータを読み込むのが基本です。しかし、読み込みたいデータが大きい場合はメモリ上にすべてを展開できないかもしれません。このような場合に備えて、データを部分ごとに読み込む機能があります。read_csvのような関数を使うときに、chunksizeという引数を指定します。一度に何行のデータを読み込むかを指定するだけで、データを逐次的に読み込むことができます。挙動を確認するために、次のようなコードを試してみてください。10行ごとにデータを読

んでいることが分かります。残りの行数が chunksize で指定した行数未満になった場合は、残りすべてが読み込まれます。

```
for df in pd.read_csv('iris.data.csv', chunksize=10):
    print(df.shape)
```

2.6 データベースからのデータ取得

データベースはデータの蓄積や検索を容易にするためのシステムを指します。データ分析において、データベースからデータを取得することがよくあります。本節ではデータ分析をする際に必要な最低限の情報を限定して紹介します。

2.6.1 データベースとは

C言語やPythonのようにプログラミング言語が複数あるように、データベースにもMySQLやPostgreSQLのように複数の種類があります。大きなデータを扱うために特化されたRedshiftやBigQueryのようなデータベースもあります。これらの環境を構築するには、ひと手間かける必要があるのですが、分析者はすでに構築されているデータベースを扱うことが多いので、本書では割愛します。

その代わりに **SQLite** と呼ばれる簡単に利用できるデータベースを例にして紹介します。多くのデータベースはサーバを用意してインストールする必要がありますが、SQLiteはファイル1つで完結します。Webアプリケーションのように複数人で同時にデータベースを利用する場合には不向きですが、SQLの入門には十分でしょう。実際の製品やサービスで使われることもあります。

2.6.2 SQLite形式のデータを作る

SQLとはデータベースを操作するための専用言語です。SQLにはデータを蓄積するための構文や検索するための構文があらかじめ用意されています。またデータの条件指定や集計などの機能もあります。これらの記述

はデータベースによって多少異なりますが、RDBMS（relational database management system）と呼ばれるデータベースを扱うSQLは非常に似ています。RDBMSは表形式のデータを保存するデータベースです。SQLを用いたデータ分析について詳しく学ぶには、加嵩長門、田宮直人著、丸山弘詩編集「ビッグデータ分析・活用のためのSQLレシピ」（マイナビ出版、2017年）がお勧めです。

▶ データベースの作成

まずは、SQLite形式でirisデータを保存します。

```
import sqlite3
con = sqlite3.connect('iris.data.db')
iris.to_sql('iris', con, if_exists='replace', index=None)
```

1行目のimport sqlite3は、SQLite3を扱うためのライブラリを読み込んでいます。次にsqlite3.connect('iris.data.db')でiris.data.dbというSQLiteのデータベースファイルに接続します。iris.to_sqlでデータをSQLiteに保存します。ここではirisというテーブル名を指定しました。SQLiteを使うことで、iris.data.dbというファイルに複数のテーブルを保存できます。Excelのシートを想像するとイメージしやすいかもしれません。if_exsits='replace'の箇所は、データベース内に"iris"という名前のテーブルがすでに作られていた場合にも置き換えて保存することを示します。追記する場合にはif_exists='append'とします。これを指定しない場合はif_exisits='fail'となっており、同名のテーブルがすでに存在するエラーが起きます。また、他のデータ形式のときと同様に行番号の出力をしないので、index=Noneとしています。

▶ 2.6.3 SQLの実行

SQLiteからデータを読み込みます。

```
pd.read_sql('select * from iris', con)
```

　pd.read_sql で SQL を実行してデータを読むことができます。selet * from iris は iris というテーブルからすべての列を選択して呼び出すということを意味しています。例えば、sepal_length のみを読み込みたい場合は select sepal_length from iris とします。

▶ データの抽出

　次に、class 列の値が setosa であるレコードを抽出する例を紹介します。

```
pd.read_sql('select * from iris where class=''Iris-setosa''', con)
```

　先ほどの例と異なる箇所は where class='Iris-setosa' です。where 句でデータを抽出する条件を指定します。ここで class='Iris-setosa' としているので、"class" が "Iris-setosa" のときのみデータを抽出という意味になります。"Iris-setosa" と "Iris-versicolor" を必要とする場合は、次のようにします。

```
select * from iris where class='Iris-setosa' or class='Iris-versicolor'
```

　where 句において or を使うことで、複数の条件のどちらかに一致した場合のデータ抽出を指定できます。複数の条件すべてに一致した場合に抽出するときは and を用います。

　品種のような文字列ではなく、数字が入っている "sepal_length" などに対しても条件指定でデータを取り出すことができます。例えば、"sepal_length" が 5.5 のデータを抽出したい場合は、次のようにします。

```
select * from iris where sepal_length = 5.5
```

　また、5.5 以上のデータを抽出したいときは、不等号の記号を用います。

```
select * from iris where sepal_length >= 5.5
```

2.6.4 集計と結合

Pandas の sum や groupby のような処理が SQL でも実行できます。sepal_length の合計値を求めるには、次のようにします。

```
select sum(sepal_length) from iris
```

また、最大値は max、最小値は min、平均値は avg で求められます。
品種ごとにグループ分けして統計量を求めるときは、次のようにします。

```
select class, sum(sepal_length) from iris group by class
```

▶ データに名前を付ける

select で抽出した列に対して自分で名前を付けることができます。sum などのように元々のデータとは異なるデータを得るときには名前を付けたほうが分かりやすく、あとの処理がしやすい場合があります。自分で名前を付けるには as という構文を利用します。具体的には上の例を次のように書き換えることができます。

```
select class, sum(sepal_length) as sum_sepal_length from iris group by class
```

この例では、sum(sepal_length) を sum_sepal_length という列名にしました。

▶ 四則演算

SQL では、sum のような集計以外に四則演算もできます。例えば、次のようにします。

```
select sepal_length + sepal_width from iris
```

足し算は +、引き算は -、掛け算は *、割り算は / です。

2.7 Pandas によるデータ分析の例

本節では Pandas を使った分析の例を解説します。実際にあるデータを整形／描画して、プログラマの経験年数と年収データにどのような関係があるか見ていきます。節の後半では、データの正規化や外れ値の扱いなど数値データの扱い方についても解説します。

2.7.1 ライブラリとデータの読み込み

Stack Overflow というプログラマ向けの Q&A サイトで行った調査データを用います。データセットは、次の URL からダウンロードできます。「Stack Overflow Annual Developer Survey」の [View Survey Results • Download Full Data Set (CSV)] をクリックしてください。

https://insights.stackoverflow.com/survey

また、調査結果は次の URL から見ることができます。

https://insights.stackoverflow.com/survey/2018/

ZIP ファイルを解凍すると 4 つのファイルがあります。

- README_2018.txt：ダウンロードしたファイルの説明が書かれている
- Developer_Survey_Instrument_2018.pdf：アンケート画面
- survey_results_public.csv：アンケート結果
- survey_results_schema.csv：アンケート結果の構造が説明されている

▶ データの読み込み

アンケート結果の CSV ファイルを Pandas で読み込みます。

```
import pandas as pd
df = pd.read_csv('survey_results_public.csv', low_memory=False)
df.info()
```

次が df.info の結果です。

(実行結果)

```
<class 'pandas.core.frame.DataFrame'>
RangeIndex: 98855 entries, 0 to 98854
Columns: 129 entries, Respondent to SurveyEasy
dtypes: float64(41), int64(1), object(87)
memory usage: 97.3+ MB
```

全部で 98,855 行で 129 列あります。また、数字が入っているデータは float64 の 41 個と int64 の 1 個を合わせて、42 個あります。残りの 87 個は object 型として扱われていて、これらには文字列が入っています。low_memory=False という引数は付けなくても良いのですが、データ読み込み時にデータの型を自分で定義しない場合に警告メッセージが出てしまうのを防ぐ役割があります。メモリの使用効率を上げる必要があるような大きなデータを扱うときは気を付けます。

▶ データの確認

データフレーム df に対して df.columns = [列名1, 列名2, 列名3] として列名を付けられます。データフレームの列名は df.columns で得られます。例えば、列名を1つ取り出す場合は次のように書けます。

```
for column in df.columns:
    print(column)
```

出力結果は次のようになります。

(実行結果)

```
Respondent
Hobby
```

```
OpenSource
Country
Student
...(以下省略)
```

RespondentやHobbyなどのカラムがあることを確認できます。

次にデータの中身を見ていきます。例えば、"Respondent" という列はアンケートの解答番号です。解答番号がすべて異なっていることを確認します。データを分析するときにユニークですべての値が異なっている列と伝えられていても、データに誤りがあり実際とは違う場合があります。地道な作業ではありますがデータが仕様通りかを確認する作業は重要です。

次を実行すると、"98855" が得られます。これは、.info で確認したデータの行数と一致します。

```
df['Respondent'].nunique()
```

次に "Hobby" という列を見ます。これはプログラムのコーディングを趣味としてやっているかどうかの質問です。質問画面を見ると「Yes」と「No」のどちらかを選ぶ項目です。データにおいても本当に "Yes" と "No" のどちらかであるかを確認するには unique という Pandas のメソッドを利用して次のようにします。

```
df['Hobby'].unique()
```

得られた結果は "Yes" と "No" を持つ配列であるため、この項目もデータの仕様通りであることが確認できました。

ここで、"Yes" と "No" がそれぞれ何件ずつあるかを value_counts を用いて調べます。

```
df['Hobby'].value_counts()
```

"Yes"が79,897件、"No"が18,958件です。約80%が趣味としてコーディングをしていることになります。Stack Overflowのアンケートに答えてくれるような人ですから、世の中の平均とは離れているかもしれません。

2.7.2　カテゴリカルな列を特定

Yes、Noのようなカテゴリーデータは、category型でデータフレームを作るとメモリを効率よく扱えることができます。このようなカテゴリカルな列が他にもあるか調べてみます。

カテゴリカルな列を調べるときに質問項目の1つずつを確認するのが確実な方法ですが手間がかかります。そこで質問項目に対する回答が100種類未満であればカテゴリカルとして扱うことにします。ここでの100という数字に根拠を持つべきですが、今回は決め打ちです。

▶リスト内包表記

ユニークなデータが何種類あるかはdf['列名'].nunique()のようにすると得られます。**リスト内包表記**という書き方を利用してカテゴリカルな列を取得します。Pythonではfor文で反復処理を書くときにリスト内包表記を用いると処理速度で有利になります。for文でcolumnを1つずつ取り出しながらリストにappendで追加すると、リスト内包表記に比べて時間がかかってしまいます。詳細な理由については本書の範囲を超えてしまうので割愛します。リスト内包表記は次のように書きます。

[forで取り出したデータ for データ in 配列 if データを取り出す条件]

▶カテゴリカルな列を抽出

サンプルコードではdf.columnsから列名を取り出して、それをcategory型として扱うかどうかをif以降で判定しています。データの種類が100種類未満かつ"object"型であったらカテゴリカルな列とします。ここで"object"型かどうかの判定が必要なのは、int64やfloat64のような数値データを除く

ためです。アンケートの解答データが "Yes"、"No" の代わりに "1"、"0" であれば、"object" 型かどうかの判定はバグの原因になってしまうかもしれませんが、今回はその心配が不要なので無視します。

```
import numpy as np

category_columns = [
 column for column in df.columns if df[column].nunique() < 100 and ↲
df[column].dtype == np.dtype('O')
]
print(len(category_columns))
```

category_columns の長さを len 関数で得ることによって、カテゴリカルな列が 69 個あることが分かりました。

▶型の変換

取り出した列を category 型にします。データの型を変えるには astype を用います。具体的には以下のコードです。

```
for column in category_columns:
    df[column] = df[column].astype('category')
```

df.info() で型の変換ができているかを確認します。category 型の列が 69 個になっています。また、データ読み込み時には約 97MB のメモリが必要でしたが、category 型に変換したあとでは約 52MB になりました。データを読み込み直す場合は、はじめから category 型にしておくと良いでしょう。

(実行結果)

```
<class 'pandas.core.frame.DataFrame'>
RangeIndex: 98855 entries, 0 to 98854
Columns: 129 entries, Respondent to SurveyEasy
dtypes: category(69), float64(41), int64(1), object(18)
memory usage: 51.8+ MB
```

▶ 列名に型を対応付ける

カテゴリカルな列を毎回求めるのは手間がかかるので、列名と型の対応を作ります。上記のリスト内包表記と同じ要領で**辞書内包表記**という記述方法があります。リスト内包表記では配列を1行で作りましたが、辞書内包表記は辞書型のデータを1行で作ることができます。また、data_dtypes として辞書型のデータを JSON 形式で保存して、次回以降も同じ型で読み込めるようにします。JSON 形式の読み書きには "json" というライブラリを利用します。保存するときは json.dump で、読み込むときは json.load です。

```
import json
data_dtypes = {column:str(df[column].dtype) for column in df.columns}
json.dump(data_dtypes, open('data_dtypes.json', 'w'))
```

保存したデータの型を利用して、データを改めて読み込んでみます。最初から category 型が適用されるようになります。読み込み直した df に対して df.info() と実行すれば、型を指定してデータを読み込めていることを確認できます。

```
df = pd.read_csv('survey_results_public.csv', dtype=json.load(open('data_ ⤸
dtypes.json')))
```

2.7.3 データの整形1 - 複数回答を異なる列へ展開

Stack Overflow の調査項目には回答できる質問が複数あり、1つの要素にセミコロン区切りで保存されています。ここでは回答者がどんなプログラミング言語を仕事で使っているかを集計します。まずは該当する列を分解してデータフレームに変換し、回答にあるプログラミング言語の種類に対応した並び順になるようにデータフレームを作成します。そのあとでプログラミング言語の種類別に集計します。

```
df['LanguageWorkedWith'].head()
```

これを実行すると、次のような表示が確認できます。

(実行結果)
```
0                     JavaScript;Python;HTML;CSS
1                    JavaScript;Python;Bash/Shell
2                                             NaN
3    C#;JavaScript;SQL;TypeScript;HTML;CSS;Bash/Shell
4              C;C++;Java;Matlab;R;SQL;Bash/Shell
Name: LanguageWorkedWith, dtype: object
```

この列には仕事で利用しているプログラミング言語が複数書かれています。このままのデータでは、どのプログラミング言語が最も利用されているかの集計ができません。プログラミング言語ごとに列を作って、1と0のフラグを立てます。

▶ データフレームに変換して集計

`str.split(';', expand=True)` で、列内にカンマ区切りされているデータを展開してデータフレームにします。

```
language_worked_with = df.LanguageWorkedWith.str.split(';',expand=True)
```

次は language_worked_with の一部です。

(実行結果)

	0	1	2	3	4	...
0	JavaScript	Python	HTML	CSS	None	...
1	JavaScript	Python	Bash/Shell	None	None	...
2	None	None	None	None	None	...
3	C#	JavaScript	SQL	TypeScript	HTML	...
4	C	C++	Java	Matlab	R	...

2.7 Pandasによるデータ分析の例

しかしながら、このままでは列ごとの言語が異なってしまいます。言語の順番を合わせるための準備として、languages を作ります。

```
languages = set()
for values in language_worked_with.values:
    for value in values:
        if isinstance(value, str):
            languages.add(value)
languages = sorted(list(languages))
```

.apply(関数, axis=1) で行ごとに任意の関数を適用させることができます。ここで利用している language_dummy_variable は言語を引数として受け取り、引数 x をとる関数を返しています。この関数がプログラミング言語の順番を直して結果を返します。このときに戻り値を Pandas の Series にすると、apply の適用結果がデータフレームになります。

```
def language_dummy_variable(languages):
    def _(x):
        x = set(x.tolist())
        return pd.Series([
            True if language in x else False
            for language in languages
        ])
    return _

sorted_language_worked_with = language_worked_with.apply(language_dummy_variable(languages), axis=1)
sorted_language_worked_with.columns = ['languageWorkedWith_' + language for language in languages]
```

次に sorted_language_worked_with の一部を示します。

(実行結果)

	languageWorkedWith_Assembly	languageWorkedWith_Bash/Shell	languageWorkedWith_C	languageWorkedWith_C#	languageWorkedWith_C++	...
0	False	False	False	False	False	...
1	False	True	False	False	False	...
2	False	False	False	False	False	...
3	False	True	False	True	False	...
4	False	True	True	False	True	...

　それぞれのプログラミング言語が合計でどれぐらい使われているかを集計します。それぞれの要素にはFalseかTrueが入っているので、sorted_language_worked_with.sum()としてsumを用いて集計するだけでそれぞれの言語がどれくらい使われているかが分かります。また、並び替えにはsort_valuesを使います。引数としてascending=Falseを指定して降順にします。結果を見るとJavaScriptが最も人気があり、次点にHTMLがあります。

　Pythonが何番目かを取得するにはnp.whereを使います。この関数はTrueとなっている要素が何番目かを返します。また、sorted_language_worked_with.sum().sort_values(ascending=False).indexのindexで言語名を配列で取得できます。np.whereを用いてPythonが言語名の配列の何番目にあるかが分かります。具体的に次のようにすると、7番目にPythonが使われていることが分かります。

```
np.where(sorted_language_worked_with.sum().sort_values(ascending=False).
index == 'languageWorkedWith_Python')
```

▶ データフレームの結合

　ここまでで仕事で利用しているプログラミング言語か否かに関してのデータフレームsorted_language_worked_withを作りました。これを元々のデータフレームdfと結合します。データフレームの結合方法は2種類あります。concatを用いる方法とmergeを用いる方法です。concatはデータフレームのインデックスを使ってデータフレームを横向き（axis=1を指定）に結合します。また、mergeは列の値を用いてデータを結合します。

今回は元々のデータフレームと結合させるのでインデックスは同じです。concat を用いて次のようにします。

```
df = pd.concat([df, sorted_language_worked_with], axis=1)
```

結果を info で確認すると列数が増えていることが分かります。元々の列数は 129 で language_worked_with に出てきたプログラミング言語は 38 種類ありました。合わせて 167 です。

(実行結果)

```
<class 'pandas.core.frame.DataFrame'>
RangeIndex: 98855 entries, 0 to 98854
Columns: 167 entries, Respondent to languageWorkedWith_Visual Basic 6
dtypes: bool(38), category(69), float64(41), int64(1), object(18)
memory usage: 55.4+ MB
```

2.7.4 データの整形 2 - 4 種類の回答を3 種類にまとめる

次に Student の前処理をします。Student の回答内容として、次の 4 つがあります。

- 'No'
- 'Yes, part-time'
- 'Yes, full-time'
- 'nan'

これを 4 つの項目ではなく、Yes か No もしくは Unknown の 3 種類の回答となるように加工します。つまり、'No' はそのままにして、'Yes, part-time' と 'Yes, full-time' の場合は 'Yes' とだけします。ここでは Pandas の練習として、複数の書き方を紹介します。

▶関数の定義と回答の結合方法

まずは、データを変換する関数 student_yes_or_no を定義します。'nan' の場合は float 型になるので、isinstance で判定します。また、No の場合とそれ以外の場合で条件分岐するような関数を定義します。

```
def student_yes_or_no(x):
    if isinstance(x, float):
        return 'Unknown'
    elif x == 'No':
        return 'No'
    else:
        return 'Yes'
```

1つめの例は map を用いる方法です。map は Series の要素1つ1つに関数を適用します。

```
df['Student_1'] = df.Student.map(student_yes_or_no)
```

2つめの例は、リスト内包表記を用いる方法です。

```
df['Student_1'] = [student_yes_or_no(student) for student in df.Student]
```

3つめの例は applymap を用いる方法です。これはデータフレームの各要素1つ1つに関数を適用します。ここで注意が必要なのは、applymap はデータフレームにしか適用できないので、df['Student'] に対してではなく df[['Student']] に対してのみしか適用できません。

```
df['Student_1'] = df[['Student']].applymap(student_yes_or_no)
```

4つめの例は事前に定義しておいたデータフレームとマージする方法です。

```
student_status = pd.DataFrame({'Student': ['No', 'Yes, part-time', 'Yes,
full-time', float('nan')], 'Student_1': ['No', 'Yes', 'Yes', 'Unknown']})
merged_df = pd.merge(df, student_status, on='Student', how='left')
```

▶ 実行時間の測定

Jupyter Notebook ではセルの先頭に %%timeit を付けると実行時間を測定できます。その結果は**表 2.2** です。筆者の環境での測定結果ですので、ご自身で測定する場合と異なることに注意してください。

表 2.2　処理方法と実行時間

処理方法	測定結果
map による変換	4.46 ms ± 131 µs per loop (mean ± std. dev. of 7 runs, 100 loops each)
リスト内包表記による変換	81.7 ms ± 3.42 ms per loop (mean ± std. dev. of 7 runs, 10 loops each)
applymap による変換	81.6 ms ± 3.93 ms per loop (mean ± std. dev. of 7 runs, 10 loops each)
データフレームのマージによる変換	360 ms ± 13.7 ms per loop (mean ± std. dev. of 7 runs, 1 loop each)

　速度だけの比較でいえば、map を用いる方法が一番早く、次にリスト内包表記の方法は近い実行時間になりました。これらは列1つに対する変換に特化しているので当然といえるかもしれません。3番目は applymap を用いる方法です。これは本来複数の列に対して適用するときの方法なので仕方ないかもしれません。最後に merge を用いる方法です。関数で定義しにくい場合はこれを使う以外に方法がないかもしれません。処理内容に応じて適切な変換方法を利用してください。

2.7.5　データの整形 3 - 条件に一致する行を抽出

　趣味としてプログラミングをしている（Yes）か否（No）かは、"Hobby" の回答で区別できます。"Yes" として回答している人を抽出する方法を紹介

します。条件に一致する行を抽出するときにはqueryが便利です。引数に"Hobby == 'Yes'"のようにSQLのWHERE句を書くようにして記述できます。ilocやlocメソッドを用いても同様の処理を書くことができますが、queryを用いる方が可読性が高いです。

```
df.query("Hobby == 'Yes'")
```

2.7.6 データの整形4 - 縦方向のデータを横方向のデータに変換

趣味としてコーディングしているか否か、コーディング経験年数の2軸でそれぞれ何人いるかの集計をします。groupbyで'Hobby'と'YearsCoding'をキーにして、sizeを使うことでそれぞれに何件のデータがあるかが分かります。groupbyの直後は列を複数持つ（multiple columns）ので、reset_indexというメソッドでフラットにします。sizeで追加された列には名前が付けられていないので、引数のnameで与えています。

```
df[['Hobby', 'YearsCoding']].\
    groupby(['Hobby', 'YearsCoding']).\
    size().\
    reset_index(name='counts')
```

次がHobbyとYearsCodingの集計結果です。

(実行結果)

	Hobby	YearsCoding	counts
0	No	0-2 years	2293
1	No	12-14 years	1524
2	No	15-17 years	1217
3	No	18-20 years	1019
4	No	21-23 years	557

5	No	24-26 years	365
6	No	27-29 years	185
7	No	3-5 years	4295
8	No	30 or more years	711
9	No	6-8 years	3395
10	No	9-11 years	2208
11	Yes	0-2 years	8389
12	Yes	12-14 years	6506
13	Yes	15-17 years	4900
14	Yes	18-20 years	4053
15	Yes	21-23 years	2091
16	Yes	24 26 years	1497
17	Yes	27-29 years	875
18	Yes	3-5 years	19018
19	Yes	30 or more years	2833
20	Yes	6-8 years	15943
21	Yes	9-11 years	9961

　趣味としてプログラミングしているかどうかでコーディング経験年数が変わるかの比較は、この状態のデータではできません。"Hobby"を列に持つようなデータに変換します。pivotで縦方向のデータを横方向に変換できます。縦のまま残す列をindexに指定し、横方向に変換する列をcolumnsに指定します。そのときに要素となる値はvaluesに指定します。

```
hobby_years_coding_count = df[['Hobby', 'YearsCoding']].\
    groupby(['Hobby', 'YearsCoding']).\
    size().\
    reset_index(name='counts').\
    pivot(index='YearsCoding', columns='Hobby', values='counts')
```

　次がhobby_years_coding_countの中身です。

(実行結果)

YearsCoding	No	Yes
0-2 years	2293	8389

12-14 years	1524	6506
15-17 years	1217	4900
18-20 years	1019	4053
21-23 years	557	2091
24-26 years	365	1497
27-29 years	185	875
3-5 years	4295	19018
30 or more years	711	2833
6-8 years	3395	15943
9-11 years	2208	9961

　これでYesとNoでの比較がしやすくなりましたが、YearsCodingが年数順に並んでいません。このデータフレームのインデックスhobby_years_coding_count.indexはcategory型になっています。

(実行結果)

```
CategoricalIndex(['0-2 years', '12-14 years', '15-17 years', '18-20 years',
                  '21-23 years', '24-26 years', '27-29 years', '3-5 years',
                  '30 or more years', '6-8 years', '9-11 years'],
                 categories=['0-2 years', '12-14 years', '15-17 years', ↗
'18-20 years', '21-23 years', '24-26 years', '27-29 years', '3-5 years', ↗
...], ordered=False, name='YearsCoding', dtype='category')
```

　このときに表示されているcategoriesがカテゴリ内での表示順になっています。set_categoriesでこの表示順を指定できます。また、sort_valuesでデータの並びを指定したカテゴリ順にします。inplace=Trueでデータフレームhobby_years_coding_countを書き換えています。

```
hobby_years_coding_count.index = hobby_years_coding_count.index.set_categories ↗
(['0-2 years', '3-5 years', '6-8 years', '9-11 years', '12-14 years',
        '15-17 years', '18-20 years', '21-23 years',
        '24-26 years', '27-29 years', '30 or more years'
        ])
hobby_years_coding_count.sort_index(inplace=True)
```

次が hobby_years_coding_count の中身です。

(実行結果)

YearsCoding	No	Yes
0-2 years	2293	8389
3-5 years	4295	19018
6-8 years	3395	15943
9-11 years	2208	9961
12-14 years	1524	6506
15-17 years	1217	4900
18-20 years	1019	4053
21-23 years	557	2091
24-26 years	365	1497
27-29 years	185	875
30 or more years	711	2833

"Hobby" 列では Yes と回答した人の割合が多いので、そのままの件数では比較できません。次項でグラフにして比較する方法を紹介します。その際に割合に変換します。

2.7.7 Plotly による可視化

Plotly というグラフによる可視化ライブラリを用います。表現力が高く短いコードで描画できます。Plotly をインストールしていない方は、pipenv install plotly のようにしてインストールできます。詳細は、次の URL を参照してください。

https://plot.ly/python/

▶初期設定

JupyterLab（もしくは Jupyter Notebook）で Plotly のグラフを表示するためには plotly.offline.init_notebook_mode() でグラフ描画前に初期設定をする必要があります。また、Plotly は pip でインストールする必要があります。

```
import plotly
# JupyterLabでplotlyによるグラフをオフライン表示にするための初期設定
plotly.offline.init_notebook_mode()
```

▶グラフの描画

　plotly_data という配列に描画したいグラフを並べます。例えば、plotly.graph_objs.Bar は棒グラフ、plotly.graph_objs.Scatter は散布図です。plotly.graph_objs.Bar の引数に x 軸、y 軸とグラフの名前を与えています。layout = plotly.graph_objs.Layout(width=700, height=400) で、グラフの大きさを指定します。"width" は横幅、"height" は高さです。次の fig = plotly.graph_objs.Figure(data=plotly_data, layout=layout) でグラフを作成し、plotly.offline.plot(fig) で描画します。

```
plotly_data = [
    plotly.graph_objs.Bar(
        x=hobbyYearsCodingCount.index,
        y=hobbyYearsCodingCount["Yes"] / sum(hobbyYearsCodingCount["Yes"]),
    name="Yes"),
    plotly.graph_objs.Bar(
        x=hobbyYearsCodingCount.index,
        y=hobbyYearsCodingCount["No"] / sum(hobbyYearsCodingCount["No"]),
    name="No"),
]
layout = plotly.graph_objs.Layout(width=700, height=400)
fig = plotly.graph_objs.Figure(data=plotly_data, layout=layout)
plotly.offline.plot(fig)
```

　描画された**図2.7**を比較してみると、趣味としてコードを書いているかどうかで、コーディング経験はあまり変わらないということが分かります。

図 2.7 趣味としてプログラミングするか否かによるコーディング経験の比較

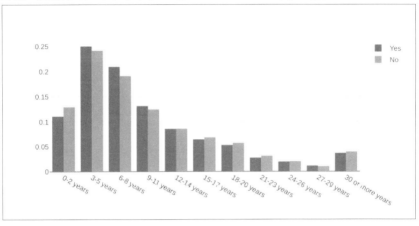

2.7.8　1連の前処理を連続して記述するメソッドチェーン

Pandasでは一連のデータ処理を連続して記述できます。これは**メソッドチェーン**と呼ばれています。これまでに明言していませんでしたが、複数のメソッドを.（ピリオド）でつないで処理を記述していたコードはメソッドチェーンを利用しています。処理ごとにデータを代入していくように書かなくても良いので、ひとまとまりの処理だということが分かりやすくなります。このような記述方法はPythonのPandasだけでなく、R言語にもあります。

基本的にはメソッドを次々と書いていきます。read_csvによって得られるデータフレームに対して、queryでデータの絞り込みをします。その結果もデータフレームであるため、Pandasのメソッドを利用できます。複雑な処理が必要なときはpipeを使います。引数に関数をとりデータフレームを返すような関数を作ります（to_wide_language_worked_withとobject2category）。object2categoryでは列の型を変更し、to_wide_language_worked_withは仕事で利用する言語の要素を分解して列に持ちます。

最後に列の代入や列の追加にはassignを用います。例では、Student_1と

いう列を追加します。その具体的な処理がlambda x: x.Student.map(student_yes_or_no)です。lambdaは無名関数と呼ばれるもので、関数を定義する方法の1つです。詳細についてはここでは割愛します。lambda内におけるxがデータフレームです。map処理を使うことができ、Studentの変換をしています。それぞれの処理は、これまでのStack Overflowのデータの加工と同じですので、内部の説明は省略します。

```
from functools import reduce

# 2.7.3 データの整形1 - 複数回答を異なる列へ展開 で解説
def to_wide_language_worked_with(df):
    language_worked_with = df.LanguageWorkedWith.str.split(';',expand=True)

    languages = set()
    for values in language_worked_with.values:
        for value in values:
            if isinstance(value, str):
                languages.add(value)
    languages = sorted(list(languages))

    sorted_language_worked_with = language_worked_with.apply(language_ ⏎
dummy_variable(languages), axis=1)
    sorted_language_worked_with.columns = ['languageWorkedWith_' + language ⏎
for language in languages]

    return pd.concat([df, sorted_language_worked_with], axis=1)

# 2.7.2 カテゴリカルな列を特定 で解説
def object2category(df):
    category_columns = [
     column for column in df.columns if df[column].nunique() < 100 and ⏎
df[column].dtype == np.dtype('O')
    ]
    for column in category_columns:
        df[column] = df[column].astype('category')
    return df

# pipeやassignによるメソッドチェーンを用いた処理方法
```

```
df = pd.read_csv('survey_results_public.csv', low_memory=False).\
    query("Hobby == 'Yes'").\
    pipe(object2category).\
    pipe(to_wide_language_worked_with).\
    assign(Student_1=lambda x: x.Student.map(student_yes_or_no))  # ↵
student_yer_or_noは2.7.4で紹介しました
```

2.7.9 正規化と正則化

ここまでは実際のデータを使ってデータ分析の例を解説してきました。本節のこれ以降では、同じデータを利用してデータ分析の手法を解説していきますが、難易度が少し上がります。それぞれが簡単な紹介程度になっていますので、より深く学びたい読者は本文中に取り上げている参考文献を参照してください。

機械学習におけるモデルによっては、データのスケールを揃える必要があります。例えば、重回帰分析では、線形和でモデルを表現しています。大きな値を持つ特徴量は回帰係数が小さくなり、小さな値を持つ特徴量は回帰係数が大きくなってしまいます。そのため、回帰係数の大小でその特徴量の重要性を単純に比較できなくなります。また、過学習を抑えるための正則化というテクニックを用いる場合は、正規化されていないデータでは不都合があります。

正規化するには、scikit-learn の StandardScaler を用います。fit で正規化に必要な統計量を求めて、transform で変換します。正規化について詳しく知りたい方は、Alice Zheng, Amanda Casari 著、株式会社ホクソエム翻訳「機械学習のための特徴量エンジニアリング」(オライリー・ジャパン、2019 年)の 2 章および 4 章を参照してください。

```
from sklearn.preprocessing import StandardScaler
float_columns = [name for ftype, name in zip(df.ftypes, df.ftypes.index)  ↵
if ftype.find('float64') == 0]
sc = StandardScaler()
```

```
sc.fit(df[float_columns])
df_std = sc.transform(df[float_columns])
df[float_columns] = df_std
```

StandardScalerで正規化する前と後では、次のようにデータが変化します（**表 2.3**、**表 2.4**）。

表 2.3　正規化する前のデータ

AssessJob1	AssessJob2	AssessJob3	AssessJob4	AssessJob5	...
10.0	7.0	8.0	1.0	2.0	...
1.0	7.0	10.0	8.0	2.0	...
8.0	5.0	7.0	1.0	2.0	...
8.0	5.0	4.0	9.0	1.0	...
5.0	3.0	9.0	4.0	1.0	...
6.0	5.0	4.0	2.0	7.0	...
6.0	3.0	7.0	4.0	1.0	...

表 2.4　正規化した後のデータ（小数点第 3 位を四捨五入して記載）

AssessJob1	AssessJob2	AssessJob3	AssessJob4	AssessJob5	...
1.29	0.13	0.79	-1.21	-0.77	...
-1.94	0.13	1.55	1.55	-0.77	...
0.57	-0.66	0.41	-1.21	-0.77	...
0.57	-0.66	-0.72	1.94	-1.17	...
-0.5	-1.45	1.17	-0.03	-1.17	...
-0.14	-0.66	-0.72	-0.81	1.21	...
-0.14	-1.45	0.41	-0.03	-1.17	...

2.7.10　外れ値

実世界で得られるデータを見てみると、他とは極端に異なる値が含まれることがあります。このような値のことを外れ値と呼びます。外れ値において極端な値になっている原因が分かっているデータに関しては異常値と呼ばれています。データ分析の目的によっては、この外れ値が不要な場合があった

り、外れ値となる場合を予測したいことがあったりとさまざまです。詳細は、井手 剛著「入門 機械学習による異常検知」(コロナ社、2015 年) を参考にしてください。

外れ値を除外する簡単な例を紹介します。方法の 1 つとして、平均から標準偏差の 3 倍以上離れている値を外れ値として扱うことがあります。

まずは、データを読み込み直して Salary のデータを眺めてみます。object 型で、欠損値 (NaN) と数字が入っています。また、SalaryType を見ると、給与の支払いが weekly、monthly、Yearly の 3 パターンあり、Currency (通貨) も異なります。これらを揃えるための処理が必要になりますが、このデータセットには、ConvertedSalary というアメリカドルで年収換算されたデータがあるので、これを使います。

次のようにしてデータをヒストグラムで確認します。

```
df = pd.read_csv('survey_results_public.csv', dtype=json.load(open('data_
dtypes.json')))
plotly_data = [
    plotly.graph_objs.Histogram(
        x=df.ConvertedSalary
    ),
]
layout = plotly.graph_objs.Layout(width=700, height=400)
fig = plotly.graph_objs.Figure(data=plotly_data, layout=layout)
plotly.offline.plot(fig)
```

図 2.8 は 0 から 0.25M あたりにデータ密集しています。また、全体から見ると少ないですが、1M 以上の人もいます。

図 2.8 ConvertedSalary に外れ値が含まていることを確認できるヒストグラム

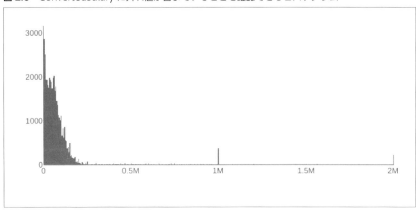

年収のようなお金に関するデータはこのような右裾が長い分布になることが多いです。対数変換すると正規分布のような形の分布になることが多いので試してみます。

```
plotly_data = [
    plotly.graph_objs.Histogram(
        x=np.log10(df.ConvertedSalary)
    ),
]
layout = plotly.graph_objs.Layout(width=700, height=400)
fig = plotly.graph_objs.Figure(data=plotly_data, layout=layout)
plotly.offline.plot(fig)
```

変換後の分布（**図 2.9**）を見ると、山が一番高くなるところが中心に近づき、正規分布に近づいたことが分かります。このときに「divide by zero encountered in log10」と Warning が表示されるのは、データに 0 が含まれているためで、log10 が求まらないのが原因です。また、対数変換してもヒストグラムの右端には多くの人がいることが分かります。

図 2.9　対数変換した ConvertedSalary

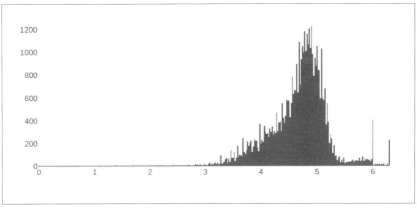

　今回は外れ値を平均値から標準偏差の 3 倍以上大きい金額を稼いでいる人として扱います。次のコードでは、anomly_std は標準偏差の 3 倍（611233.6）、converted_salary_mean は平均値（97501.9）、anomaly_threshold は平均 + 標準偏差の 3 倍です。このしきい値（anomaly_threshold）よりも大きな値を持つ人は、1,166 人いました。

```
anomaly_std = np.std(df.ConvertedSalary[df.ConvertedSalary > 0]) * 3
converted_salary_mean = np.mean(df.ConvertedSalary[df.ConvertedSalary > 0])
anomaly_threshold = converted_salary_mean + anomaly_std
anomaly_flags = df['ConvertedSalary'] > anomaly_threshold
df[anomaly_flags]['ConvertedSalary'].shape
```

　外れ値として扱われるような高年収の人とそれ以外の人たちとの比較をしてみます。

```
# しきい値以上の年収の人を外れ値とする
df['anomaly_salary'] = df['ConvertedSalary'] > anomaly_threshold

# 2.7.6 データの整形4 – 縦方向のデータを横方向のデータに変換 で解説
anomaly_salary_years_coding = df[['anomaly_salary', 'YearsCoding']].\
    groupby(['anomaly_salary', 'YearsCoding']).\
    size().\
```

```
    reset_index(name='counts').\
    pivot(index='YearsCoding', columns='anomaly_salary', values='counts')

# 2.7.6 データの整形4 - 縦方向のデータを横方向のデータに変換 で解説
anomaly_salary_years_coding.index = anomaly_salary_years_coding.index.set_ ↗
categories(['0-2 years', '3-5 years', '6-8 years', '9-11 years', '12-14 years',
         '15-17 years', '18-20 years', '21-23 years',
         '24-26 years', '27-29 years', '30 or more years'
         ])
anomaly_salary_years_coding.sort_index(inplace=True)
anomaly_salary_years_coding.columns
```

次のようにして描画します。

```
# 2.7.7 Plotlyによる可視化 で解説
plotly_data = [
    plotly.graph_objs.Bar(
        x=anomaly_salary_years_coding.index,
        y=anomaly_salary_years_coding[True] / sum(anomaly_salary_years_ ↗
coding[True]),
    name='True'),
    plotly.graph_objs.Bar(
        x=anomaly_salary_years_coding.index,
        y=anomaly_salary_years_coding[False] / sum(anomaly_salary_years_ ↗
coding[False]),
    name='False'),
]
layout = plotly.graph_objs.Layout(width=700, height=400)
fig = plotly.graph_objs.Figure(data=plotly_data, layout=layout)
plotly.offline.plot(fig)
```

図 2.10 のように、コーディングの経験年数の棒グラフを高年収の人とそれ以外でヒストグラムを描いてみると、興味深い点が1つあります。高年収の人（True）は 6-8 年が分布の頂点なのに対して、それ以外の人は 3〜5 年に頂点があります。このデータだけで断言するには不十分ですが、経験年数として 3〜5 年が高年収か否かの分岐点になるかもしれません。

図 2.10 コーディングの経験年数の棒グラフを高年収とそれ以外の人で描画

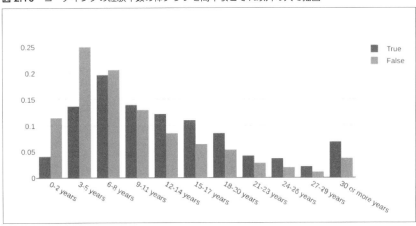

2.7.11 データのサンプリング

　集計は全件のデータを用いますが、機械学習ではサンプリングして一部のデータで学習することがあります。例えば、データの7割を学習用データ、残りの3割をテスト用データとして扱います。また、クロスバリデーションと呼ばれる手法では、データを5分割（レコード数や分析内容によって分割数は異なる）して、学習用データとテスト用データを組み換えながらモデルの精度を確かめます。

　目的変数（予測したい対象）における各クラスの観測数に偏りがある場合は、偏りが小さくなるようにサンプリングして学習用データを作るときがあります。偏りがあるデータの例として、Web広告をクリックするか否かです。このようなデータセットを不均衡データと呼びます。不均衡データに対しては、広告をクリックされない場合をダウンサンプリング（データを減らす）や広告をクリックしたオーバーサンプリング（データを増やす）して目的変数における偏りを小さくするテクニックがあります。サンプリングの仕方に関してはデータやモデルによって異なるので、実験して調整します。

▶ Pandas によるサンプリング

　Pandas でのサンプリング方法は 2 通りあります。サンプルサイズを指定する方法と、サンプリング割合を指定する方法です。乱数シード random_state は必ず指定するべきです。これを指定しない場合はプログラムを実行するたびにサンプリング結果が変わり、結果の再現ができなくなり分析をやり直すことができません。random_state については 3 章で詳しく紹介します。重複してサンプリングするときは replace=True とします。

```
# サンプルサイズを指定する方法
df_sample = df.sample(n=10, random_state=1)
# サンプリング割合を指定する方法
df_sample = df.sample(frac=0.1, random_state=1)
```

▶ scikit-learn によるサンプリング

　scikit-learn にもサンプリングする関数が用意されており、学習用データとテスト用データに分けることができます。重要な引数は次の 4 つです。

- 特徴量
- 目的変数
- test_size：テスト用データの割合
- random_state：サンプリング時に使用する乱数シード

例では test_size は 0.33 としています。

```
import sklearn.model_selection
X_train, X_test, y_train, y_test = sklearn.model_selection.train_test_ ↗
split(df, df.ConvertedSalary, test_size=0.33, random_state=1)
```

2.7.12 欠損を含むデータの削除

df['LanguageWorkedWith'].head() を実行して先頭 5 行を表示すると、未回答で NaN となっている人がいます。記録されていないデータを欠損値と呼びます。欠損理由に応じてこの処理方法は異なります。選択式の質問で " 該当なし " という答えが欠損になっていたり、調査者のミスにより記入漏れとなっている場合などさまざまです。その時々で適切な方法を選択する必要があります。

欠損を含むデータを削除したい場合は、dropna というメソッドを利用します。df.dropna(subset=['LanguageWorkedWith']).LanguageWorkedWith.head() とすると、3 行目のデータがなくなっていることが分かります。もし、どれか 1 つでも NaN となっている行を削除したい場合は、dropna の引数を指定する必要はなく、df.dropna() とするだけです。df.dropna().info() として削除後のデータフレームを確認すると、6 行しか残っていません。

(実行結果)

```
<class 'pandas.core.frame.DataFrame'>
Int64Index: 6 entries, 14793 to 55242
Columns: 129 entries, Respondent to SurveyEasy
dtypes: float64(41), int64(1), object(87)
memory usage: 6.1+ KB
```

すべての行が欠損の場合のみデータを削除するには dropna(how='all') として、すべての値が欠損の列を削除する場合は dropna(how='all', axis=1) とします。このように行もしくは列のすべてが欠損の場合はデータが持つ情報は少ないので除外しても良いでしょう。

2.7.13 欠損値の補完

欠損値の補完方法として最もシンプルなものの 1 つは、平均を代入することです。

```
df.ConvertedSalary.fillna(np.nanmean(df.ConvertedSalary))
```

　もうひとつのシンプルな方法は、欠損値を含むデータの除外です。

　しかし、これらの方法は簡単で実装しやすいのですが、問題を抱えています。問題の1つとして、すべての欠損値に同じ値を入れていることです。同じ値を代入してしまうと、元々のデータと異なる分布になってしまいます。ヒストグラムを描いてみると、分布が変わっていることが明らかです（**図 2.11**）。平均値や分散が変わっています。データの特性が変わった状態での分析は、本来とは異なった結果が導かれてしまいます。平均や分散が変わらないように確率分布に基づいて欠損値を代入したデータセットを複数用意するのが現在は適切であると考えられています。より厳密で正確な欠損値の処理方法は、高橋将宜、渡辺美智子著「欠測データ処理」（共立出版、2017年）を参照してください。

```
plotly_data = [
    plotly.graph_objs.Histogram(
        x=df.ConvertedSalary.fillna(np.nanmean(df.ConvertedSalary))
    ),
]
layout = plotly.graph_objs.Layout(width=700, height=400)
fig = plotly.graph_objs.Figure(data=plotly_data, layout=layout)
plotly.offline.plot(fig)
```

図 2.11 欠損値のすべてに同じ値を入れたときの分布

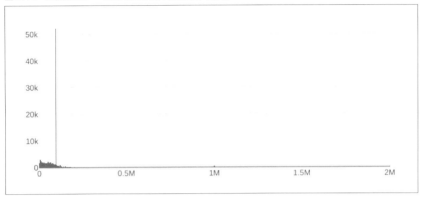

　本章では Pandas を用いてデータの前処理方法を紹介しました。集計や可視化が必要とされる分析の多くは本章で紹介した加工方法で対応できるかと思います。より高度な分析である機械学習は次章で紹介します。

scikit-learn ではじめる機械学習

島田 達朗（Tatsuro Shimada）

　本章の目的は、機械学習を自分の手で利用して、その結果を体感することです。まず、そもそも機械学習とは何かを解説した上でメリット・デメリットにふれながらその使うべきシーンについて言及をします。次に scikit-learn で機械学習をシンプルに実装しながら、実データを分類する方法を学びます。また、分類した結果を考察する方法や、評価する方法についても紹介します。最後に、Flask を用いて機械学習のアプリケーションをつくることに挑戦します。

3.1 機械学習に取り組むための準備

3.1.1 機械学習とは

Googleをはじめとする、多くのテクノロジーカンパニーは機械学習を使用している、ということを耳にしたことのある方は多いでしょう。では、**機械学習**とはどのようなものなのでしょうか? 機械学習とはその名が表す通り、コンピュータ(機械)がデータから学習した結果、そこから規則など(数学的モデル)を見つけ出すことです(**図3.1**)。

図3.1 機械学習の概念図

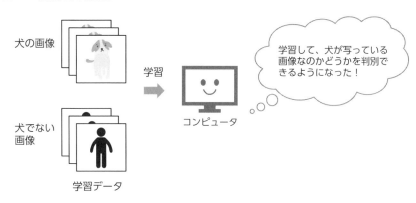

3.1.2 機械学習を使うメリット

機械が見つけ出した規則を用いることで、新たなデータに対して予測や分類ができます。機械学習を使うメリットには次が挙げられます。

- 人間が目視で発見することが難しい数学的モデルの発見・構築（**図 3.2**）
- 単純なルールで決めた方法よりも、高精度な予測や分類の実現（**図 3.3**）
- 上記を利用した予測や分類の自動化によるコスト削減

機械学習の具体的な事例として、**図 3.2**、**図 3.3** のような事例が挙げられます。

図 3.2 人間が目視で発見することが難しい数学モデルの発見の例

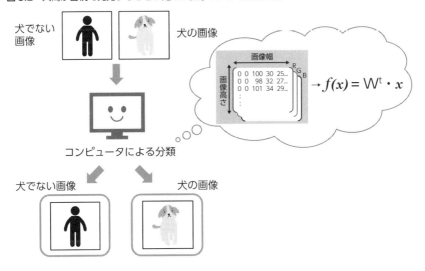

図 3.3 Q&A サイトにおいて単語のみの単純なルールで決めた方法よりも、機械学習を使って高精度な分類をしている例

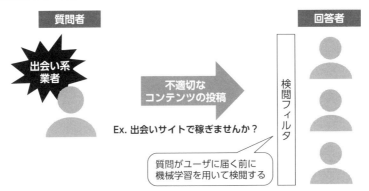

機械学習は人間では処理できない量のデータを短時間で処理し、現実社会における、情報のレコメンドや分類といった課題に利用されています。

3.1.3 機械学習を使うデメリット

機械学習を使うデメリットにもふれておきます。まず、機械学習を使うコストが大きいことが挙げられます。実際に機械学習を使うまでには、次のようなコストがかかります。

- データの準備
- システムの実装
- 本番システムへの組み込み

筆者が経験した現場では、機械学習を使うためにかかったコストより、人手でやった方が効果が高いことがありました。また、多くのコストを払って作った機械学習のシステムが期待したほどの効果を出せず、本番システムでの使用に耐えないということもあります。つまり、機械学習を用いずに問題が解決できるのであれば、それに越したことはありません。

3.1.4 機械学習を用いるかの判断

機械学習を用いるかを適切に判断するには、目的の確認が大事です。目的によっては機械学習を使う必要がない場合もあります。

Googleのリサーチ・サイエンティストであるMartin Zinkevich氏は次のように述べています[注1]。

Don't be afraid to launch a product without machine learning.
機械学習なしでプロダクトを出すことを恐れるな。

注1　http://martin.zinkevich.org/rules_of_ml/rules_of_ml.pdf

例えば、2章で紹介したPandasを用いてデータを分析する過程で、一定のルールや法則性を発見できたとします。そのルールを用いて予測や分類を行うことで、機械学習を用いるよりも効果的に予測や分類を実現できるかもしれません。また、データ量が多くない場合には人手で対応することも1つの方法です。

筆者はSNSサイトの運営に携わった経験があります。その中でわかりやすい例がありますので、その必要性について考えてみましょう。

例として「SNSへ投稿された内容が、スパムであるかそうでないか」を分類したいというニーズがあるとします。SNSにおいて、スパムのようなガイドラインに反する投稿がされることは、サービスを運営する上ではとてもクリティカルな問題です。しかし、サービス開始初期で1日に投稿される数が全投稿を合わせて数十投稿であれば、実は機械学習を導入するよりも目視で確認した方が正確に判断でき、すぐに取り組めます。逆にサービスの規模が十分に大きく、目視での確認では捌ききれない量であれば、機械学習を導入する必要性があるかもしれません（**図 3.4**）。

図 3.4 「SNSへ投稿された内容が、スパムであるかそうでないか」を分類する際、機械学習を用いるかの判断基準

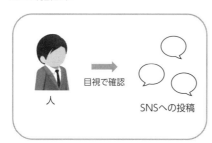
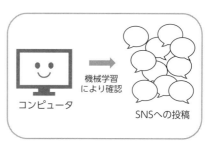

件数が多くないなら目視で十分足りる　　人では限界があるため、機械学習の導入が望まれる

もう1つ、別の事例をみてみましょう。SNSサイトにおいて、コンテンツ推薦のためにユーザの属性を特定したいとします。例えば、ユーザが20代女性であれば、20代女性に対してよく読まれているコンテンツを提供すること

でSNSサイトの利用時間を伸ばすことができます。ユーザの過去の投稿や閲覧履歴のデータを用いて機械学習を行えば、ユーザの属性を特定できるかもしれません。しかし、前述の通り機械学習のシステム構築や導入はとても大変ですし、十分な効果が出せない可能性があります。また、ユーザが本当は20代女性にもかかわらず、40代男性として機械が判断してしまい、40代男性向けのコンテンツを誤って推薦することで、逆にユーザのSNSサイト利用時間が減ってしまうといったおそれもあります（**図 3.5**）。

図 3.5 誤った情報推薦

もしそういったコンテンツ推薦のミスが許容できないのであれば、SNSサイト内でキャンペーンを行い、ユーザに年齢や性別といった、自分の属性を入力してもらうことで、機械学習を用いずにユーザ属性を特定するという手法もあります（**図 3.6**）。ユーザ自身が属性を入力することで、誤りのないユーザ属性を得ることができます。一方でこの方法の欠点は、キャンペーンに参加したユーザのみしかユーザ属性を特定できない点です。ユーザ属性を入力していないユーザに対してもコンテンツの推薦を行いたい場合には、機械学習の力が必要になるかもしれません。

図 3.6 ユーザに自ら情報を入力してもらい、情報推薦に使うステップ

このように、本当に機械学習が必要かどうかはそのときの状況に依存します。まずは目的を確認して、本当に機械学習が必要かを精査しましょう。

3.2 scikit-learnによる機械学習の基本

3.2.1 scikit-learnとは

昨今では、オープンソースの機械学習ライブラリの開発・活用が進んだことで、これまでの章で用いてきたPythonで、機械学習をシンプルに実装できます。その中でも**scikit-learn**は機械学習のためのオープンソースのメジャーなPythonライブラリです。多くの機械学習のためのアルゴリズムがサポートされており、手厚いドキュメントもあります。

http://scikit-learn.org/

なお、本章では実行するプログラムの関係上から、前章で利用したJupyter NotebookではなくCLI（Command Line Interface）上でのプログラム実行を前提としています。

3.2.2 教師あり学習と教師なし学習

広く用いられている機械学習の方法として、「教師あり学習」と「教師なし学習」という2種類の機械学習の方法があります。**教師あり学習**とは人間があらかじめ正解データを用意しておき、それを元にプログラム（機械）が学習を行う方法です。この正解データのことを**教師データ**と呼びます。また「正解」と「不正解」自体を**ラベル**と呼び、それらを付与することを**ラベル付け**と呼びます。

「教師あり学習」は未知のデータに対する「予測」に使われることが多いです（**図3.7**）。

図 3.7 教師あり学習の例

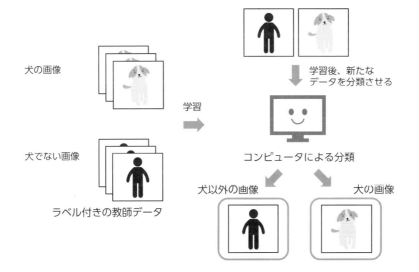

例えば、何かが写った画像が入力された際に「犬であるかどうか」を予測する際に使われます。また、「犬である」ことと「犬でない」ことがラベルで、画像へそれらを付与することをラベル付けです。これらの教師データからプログラム（機械）が学習を行い、新たに入力された画像に対して「犬である」か「犬でない」かを予測します。

このように教師あり学習で解くことのできる課題は以下のようなものが挙げられます。

- 受信したメールがスパムメールかを予測
- スマートフォンで写真を撮る際に、カメラに写った顔が笑顔かを予測
- ニュース記事のカテゴリを予測

一方で、**教師なし学習**とはプログラム（機械）自身が入力されたデータからそのデータの属性や構造を見つけ出す学習方法です。代表的な手法として「クラスタリング（clustering）」という手法があります。

例えば、**図 3.8** の左にはさまざまなデータが混在しています。これらの

データを**図 3.8**の右ように、データの特徴からグループ化する方法がクラスタリングです。「クラスタ（cluster）」とは、「集団」や「群れ」の意味で、似たものがたくさん集まっている様子を表します。

図 3.8　教師なし学習の例

クラスタリングの具体的な応用例としてはマーケティングにおけるターゲティング・ダイレクトメールが挙げられます（**図 3.9**）。

図 3.9　教師なし学習の例

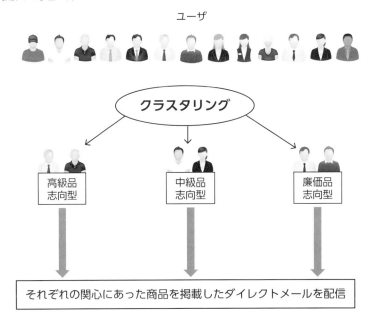

　ダイレクトメールを送る場合には、その人の趣味・関心に合った内容のメールを送ることで効果の最大化が見込めます。例えば、顧客の今までの購買データからクラスタリングを行うことで、顧客をいくつかのグループに分け、そのグループに合ったダイレクトメールを送ることができます。

　このように、クラスタリングは正解がわからないデータに対して、どのような法則があるかを理解しやすい形にできる一方で、グループ化された集団に対しての解釈は分析者に委ねられます。したがって、応用先となるサービスやビジネスの背景知識を理解した上での意味付けがとても重要です。

　筆者の経験では、あらかじめ正解が定められているため「教師あり学習」の方が実サービスに組み込むハードルが低いです。そこで、本章では scikit-learn で「教師あり学習」に挑戦します。

3.2.3 教師あり学習における課題の取り組み方

ここでは、教師あり学習において、どのように課題に取り組むかを解説します。一般的に、**図 3.10** の4つのステップで課題に取り組みます。

図 3.10 教師あり学習における課題へ取り組むステップ

▶ 1. 教師データを準備する

教師データは特徴量と呼ばれる、分析データの特徴を定量的に表現した値を持ちます。例えば、健康診断の結果から性別を予測するという課題があるとします。教師データとなる健康診断の結果データには体重や身長といったデータが含まれているとき、体重や身長を**特徴量**と呼びます。このとき、「教師データを準備する」とは「特徴量」と「ラベル（ここでは性別）」がセットになったデータの準備を意味します。

▶ 2. 教師データを整形する

準備されたデータに対して、機械が学習をするためにデータを整形する必要があります。筆者の経験上、現場で取り扱うデータはそのまま機械学習に利用できない形で保存されていることが多いです。機械が学習を正しく行うため、もしくは精度を上げるためにデータの前処理を行うことが求められます。なお、前処理については2章で解説していますので、本章での詳しい解説は省略します。

▶ 3. 教師データから学習を行う

　将来、ラベル（性別）がないデータが入ってきても、正しくラベル（性別）を予測するために、特徴量とラベルを含む教師データから学習を行います。学習の際には機械学習のためのアルゴリズムを選択し、学習させます。教師あり学習に利用できる代表的なアルゴリズムには、次が挙げられます。

- ニューラルネットワーク
- SVM（support vector machine）
- 決定木
- ランダムフォレスト

アルゴリズムそれぞれの詳細な理論はここでは深くふれませんが、理解を深めたい場合には次の書籍や「おわりに」で挙げる参考書籍などを参考にしてください。

- Sebastian Raschka 著、株式会社クイープ 訳、福島 真太朗 監訳「Python 機械学習プログラミング 達人データサイエンティストによる理論と実践」インプレス、2016年

　この学習のためのアルゴリズムを「学習器」と呼びます（もしくはあとに分類に使用するために「分類器」と呼ばれることもあります）。

▶ 4. 未知のデータに対して予測を行う

　学習済みのアルゴリズムに対して、ラベルが未知であるが特徴量（体重や身長）を持ったデータを入力し、出力としてラベル（性別）を予測します。この予測が機械学習によってはじき出された予測結果です。では、以降で実際のデータに対して手を動かしながら、教師あり学習のステップを体感してみましょう。

3.2.4 データの準備

前項で言及したように、「教師あり学習」を行うためには、教師データが必要です。scikit-learn はさまざまなデータセットを簡単に扱えるような機能が実装されています。簡単に扱えるデータの1つであるワインのデータを用いて、分類に挑戦してみましょう。まずはワインのデータをインポートしてデータの概要を確認します。

(ch3/show_wine_descr.py)

```python
from sklearn.datasets import load_wine

# ワインのデータをインポート
data = load_wine()

# データの概要を表示
print(data.DESCR)
```

結果、以下のような出力が得られました（抜粋）。

(実行結果)

```
Data Set Characteristics:
    :Number of Instances: 178 (50 in each of three classes) # 178のデータ
    :Number of Attributes: 13 numeric, predictive attributes and the class
    :Attribute Information: # 13の特徴量
            - 1) Alcohol
            - 2) Malic acid
            - 3) Ash
            - 4) Alcalinity of ash
            - 5) Magnesium
            - 6) Total phenols
            - 7) Flavanoids
            - 8) Nonflavanoid phenols
            - 9) Proanthocyanins
            - 10)Color intensity
            - 11)Hue
            - 12)OD280/OD315 of diluted wines
```

```
    - 13)Proline
    - class: # 3つの分類が存在している
    - class_0
    - class_1
    - class_2
```

次の URL から同様の内容を確認できます。

Dataset loading utilities — scikit-learn documentation

http://scikit-learn.org/stable/datasets/#wine-recognition-dataset

データの数は 178 で、各データは 13 の特徴量を持つことがわかります。このデータには、3 人の異なる生産者が生産したワインの特徴量が含まれています。生産者が違うために、ワインごとに含まれる化学成分に傾向があるというわけです。特徴量の名前を日本語で翻訳したものを**表 3.1** にまとめます。

表 3.1 wine データに含まれる特徴量の名前

英語	日本語
Alcohol	アルコール度数
Malic acid	リンゴ酸
Ash	灰
Alcalinity of ash	灰のアルカリ性
Magnesium	マグネシウム
Total phenols	総フェノール量
Flavanoids	フラボノイド
Nonflavanoid phenols	非フラボノイドフェノール
Proanthocyanins	プロアントシアニジン
Color intensity	色彩の強度
Hue	色合い
OD280/OD315 of diluted wines	蒸留ワインの OD280/OD315
Proline	プロリン

データの中身を見ていきましょう。以下を実行してみてください。

(ch3/show_wine_data.py)

```python
import pandas as pd
from sklearn.datasets import load_wine

# ワインのデータをインポート
data = load_wine()

# Pandasを用いて特徴量とカラム名を取り出す
data_x = pd.DataFrame(data=data.data,columns=data.feature_names)

# データが持つ特徴量を上から5行表示
print (data_x.head())

# Pandasを用いてラベルを取り出す
data_y = pd.DataFrame(data=data.target)

# カラム名が「0」となっており分かりづらいので、「class」に変更
data_y = data_y.rename(columns={0: 'class'})

# データに割り振られたラベルを上から5行表示
print (data_y.head())
```

data_x.head()とdata_y.head()はそれぞれのデータの上から5行を表示しています。以下のような結果が得られました。

(実行結果)

```
   alcohol  malic_acid   ash  alcalinity_of_ash  magnesium  total_phenols  /
0    14.23        1.71  2.43               15.6      127.0           2.80
1    13.20        1.78  2.14               11.2      100.0           2.65
2    13.16        2.36  2.67               18.6      101.0           2.80
3    14.37        1.95  2.50               16.8      113.0           3.85
4    13.24        2.59  2.87               21.0      118.0           2.80

   flavanoids  nonflavanoid_phenols  proanthocyanins  color_intensity   hue  /
0        3.06                  0.28             2.29             5.64  1.04
1        2.76                  0.26             1.28             4.38  1.05
2        3.24                  0.30             2.81             5.68  1.03
3        3.49                  0.24             2.18             7.80  0.86
4        2.69                  0.39             1.82             4.32  1.04
```

```
   od280/od315_of_diluted_wines  proline
0                          3.92   1065.0
1                          3.40   1050.0
2                          3.17   1185.0
3                          3.45   1480.0
4                          2.93    735.0

   class
0      0
1      0
2      0
3      0
4      0
```

　13種類の化学的な要素に関する数値データが含まれていることがわかります（一番左の0から4の数字は行数です）。各ワインの特徴を表すデータという意味で、このデータを「特徴量」と呼びます。3段落目に「class」というカラムがあります。分類は英語で「class」といいます。ここでいう「class（分類）」とは「ワインの生産者」です。それぞれの生産者にIDとして0、1、2を割り振って表現しています。つまりこの5行は「0」というclassに分類されているので、ワインの生産者IDが0の人が生産したワインということになります。データセット全体では他にも「1」や「2」というclassの値を持った、別のワインの生産者によって作られたデータを含んでおり、教師データとして3人のうちどの生産者が生産したワインなのかを表しています。この0、1、2がワインデータのラベルになります。

　アルコールや鉄分といった13の化学成分のデータを入力データとして、3つのclass（分類）=「3人のうちどの生産者が生産したワインか」に、機械学習を用いて正しく分類することに挑戦します（**図 3.11**）。

第 3 章 scikit-learn ではじめる機械学習

図 3.11 ワインを機械学習を用いて分類する

COLUMN
データの準備

　機械自身がデータの特性や構造を見つけ出すためには、入力するデータが必要です。機械が学習するための元になるデータを準備するには、いくつかの方法があります。例えば、「SNS へ投稿された内容が、スパムであるかそうでないかを分類する」という目的のためには、「スパム投稿」と「スパムでない通常の投稿」が必要になります。データの準備方法として以下の 3 通りが考えられます。

▶ 1. インターネット上で公開された（利用が許可された）データを用いる

世の中に公開されたオープンに活用できるデータをインターネットからダウンロードできます。例えば、UCI が提供しているスパムのデータセットがあります。

UCI Machine Learning Repository: Spambase Data Set
https://archive.ics.uci.edu/ml/datasets/spambase

他にも公開されているデータはさまざまなものがあります。「おわりに」でダウンロード可能な URL のリストの例を載せてありますので、ぜひそちらを参考にしてください。

▶ 2. データ販売業者から購入する

コストがかかりますが、そのぶん十分な量のデータを手に入れることができます。また、後述する「ラベル付け」があらかじめされたデータセットであることもあります。その場合はラベル付けのステップをスキップできます。

▶ 3. サービス上で生まれるデータを用いる

もし世の中に出ているサービスなのであれば、サービス上にあるデータを利用できます。この方法の場合、今回の目的に対しては集めたデータに対してラベル付け（教師データの作成）が必要になってきます。また、ラベル付けを行うべきデータの量によって最適な方法も変化します。ラベル付けについては「コラム：ラベル付け」を参照してください。

COLUMN
ラベル付け

　教師あり学習にとって、**ラベル付け**（教師データの作成）はとても大事なステップです。ラベル付けされたデータのクオリティによって、機械学習の精度は大きく変わってきます。ラベル付けの方法は、ラベル付けを行うべきデータの量にも依存してきますが、以下の3つの方法で行うことが考えられます。

▶ 1. 自身や社内のチームメンバーでラベル付けを手分けして行う（内製する）

　開発者自身でラベル付けを行ったり、社内のチームメンバーで手分けをしてラベルを付ける方法です。データのサイズが小さければExcelやGoogleスプレッドシートなどで入力することが多いです。データが大きかったり、効率を求める場合には外部の専用ツールを利用するか、自社でラベル付けのツールを開発して利用する場合があります。

　この方法は対象のラベル付けデータが少ない場合は取り組みやすく、PDCAが回りやすいというメリットがあります。サービスづくりに関わっているメンバーで分担を行えばラベル付けのための背景知識の共有コストも多くはかからないことが多いです。逆にラベル付けが必要なデータ量が多い場合は時間がかかってしまうというデメリットがあります。そもそもリソースが限られているために、十分な量のラベル付けを行えない可能性もあります。また、正しいラベル付けのためには、同じデータに対して複数人によってラベル付けを行い、ブレをできるだけ小さくできるようにルールを明文化していく必要があります。

▶ 2. クラウドソーシングサービスなどを用いて、ラベル付けをアウトソーシングする

ラベル付けをアウトソーシングするということも1つの方法です。昨今ではランサーズやクラウドワークス、Amazonメカニカルタークなどのクラウドソーシングサービスがあります。メリットとしては、自社のリソースでは捌ききれないラベル付けをアウトソーシングできる点が挙げられます。一方で、デメリットもいくつかあります。例えば、1の方法よりもドキュメントやツールをより丁寧に準備する必要があります。なぜならクラウドソーシングサービス上でラベル付けは行う方は、そもそも今のプロダクトに関する背景知識が不足していることが多いからです。もう1つのデメリットにセキュリティの課題が挙げられます。セキュリティ上の理由から、外部にデータを出しにくい場合もあります。対策としては外部に出す前に、一部のデータを置換して外部に出せる形にし、ラベル付けがされたあとに元に戻すという方法が考えられますが、その分のコストがかかります。

▶ 3. ユーザに入力してもらう

最後に、ユーザに入力してもらう方法もあります。例えば、Gmailなどのメールサービスでは、迷惑メールを報告する機能が存在しています。これは、ユーザが報告してくれた内容を教師データとして貯めていくしくみをサービス内に持っているということです。このしくみにより「対象のメールが、スパムであるかそうでないかを分類する」という分類を正しく行えるよう、日々モデルを更新できます。この手法のメリットは、1の手法のように自社でリソースを用意する必要がありません。また、基本的にはユーザが能動的に行ってくれるので、2のようにアウトソーシングのコストもかかりません。注意点としては必ずしもユーザの入力が正しいとは限らないという点です。例えば、ユーザが操作を誤って通常のメールを迷惑メールであると報告してしまうこともありえます。このような課題の対策の1つとして「報告された迷惑メールのアドレスと、普段やりとりがある場合は迷惑メールとして判断しない」などのルールを用いて対策をする必要があるでしょう。対応方法やユーザからの入力を集める方法はアプリケーションの目的によってさまざまです。

3.2.5 機械学習でデータを分類する

それでは、機械学習のモデルの実装をしてみましょう。代表的な機械学習のためのアルゴリズムの中でも、今回は分類結果の解釈がしやすい**決定木**というアルゴリズムを用いて分類してみます。決定木は生成したルールを用いて段階的にデータを分割していき、木構造の分析結果を出力できるアルゴリズムです。例えば、**図3.12**のように、人が家を出るときに傘を持つかどうかを予測する場合、天気という基準でデータを分割したあとに、紫外線や湿度で分割する…といった具合です。

図3.12　決定木の例

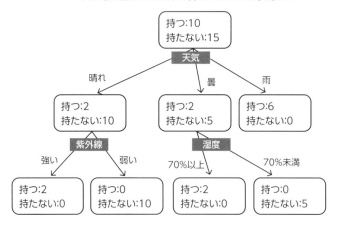

このような特性から、分類結果の解釈が容易です。

先ほどのデータを用いてワインの特徴が生産者によって異なると仮定して、その成分から3人のうちどの生産者によってつくられたワインなのかを予測する課題に取り組んでみましょう。予測するために必要なコードはとてもシンプルです。以下にコードを示します[注2]。

注2　なお、本書ではプログラミング言語の仕様については細かくふれません。Python自体に対しての理解を深めたい場合には次の参考書籍などを参考にしてください。辻真吾 著「Pythonスタートブック[増補改訂版]」（技術評論社、2018年）https://gihyo.jp/book/2018/978-4-7741-9643-5

3.2 scikit-learnによる機械学習の基本

(ch3/tree.py)
```python
from sklearn import tree
from sklearn.datasets import load_wine
from sklearn.model_selection import train_test_split

# ワインのデータをインポート
wine = load_wine()

# 特徴量とラベルデータを取り出す
data = wine.data
target = wine.target

# データを分割
X_train, X_test, Y_train, Y_test = train_test_split(data, target, test_ ⤵
size=0.2, random_state=0)

# 決定木をインスタンス化
clf = tree.DecisionTreeClassifier()

# 学習データから決定木が学習
clf = clf.fit(X_train, Y_train)

# 正解率を表示
print (clf.score(X_test, Y_test))
```

5行目から、解説をしていきます。前節でも出てきたload_wine()でデータを取得し、特徴量とラベルデータを取り出しています。wine.dataに特徴量が含まれており、wine.targetにはラベルデータが含まれています。

```python
# ワインのデータをインポート
wine = load_wine()
# 特徴量とラベルデータを取り出す
data = wine.data
target = wine.target
```

機械学習の予測した結果を評価する際には、学習用とは別にテスト用のデータを準備した上で、そのテスト用のデータに対する予測結果から評価し

ます。なぜなら、データセットのすべてを使って学習して、その後同じデータでテストを行うことは、テストの答えを元に機械が学習してしまうので、未知のデータに対する予測結果とはいえないからです。それを避けるために、train_test_split 関数を使ってデータを分割しています。train_test_split 関数はデータをランダムに、好きな割合で分割できる便利な関数です。ここでは、引数の test_size に 0.2 を指定することで、2割をテストデータとし、残りの8割のデータを学習用のデータとして、データを分割しています。

また、この関数は実行するたびに学習データとテストデータの中身がランダムに変わります。そのため、結果の再現ができません。本書では同一のデータ分割の条件で実行してもらいたいので、random_state という引数に特定の数値（ここでは0）を指定することで、実行ごとに学習データとテストデータの中身がランダムに変わることを防いでいます。

```
# データを分割
train_test_split(data, target, test_size=0.2, random_state=0)
```

次に、決定木をインスタンス化しています。clf という変数名は classifier（分類器）という単語の略です。scikit-learn のドキュメントなどではよく見られるので、覚えておくと良いでしょう。

```
# 決定木をインスタンス化
clf = tree.DecisionTreeClassifier()
```

学習データから、決定木に学習をさせています。

```
# 学習データから決定木が学習
clf = clf.fit(X_train, Y_train)
```

最後に、テストデータを引数に渡し、テストデータが入力された際の正解率（Accuracy）を出しています。

```
# 正解率を表示
print(clf.score(X_test, Y_test))
```

正解率は予測結果の評価値として一般的に使われる値で、定義は以下になります。

正解率 = 正解した数 ÷ 予測した全データ数

筆者の手元の環境では、0.972 という高い正解率が出力されました（ここでは結果が違っていても問題ありません）。

3.2.6 どんな特徴量が分類に貢献しているのか？

決定木アルゴリズムは、どんな特徴量が分類に対して貢献しているかをわかりやすく視覚化できます。以下のプログラムを実行してください。

(ch3/visualize.py)

```python
import pydot
from sklearn import tree
from sklearn.datasets import load_wine
from sklearn.model_selection import train_test_split

# ワインのデータをインポート
wine = load_wine()

# 特徴量とラベルデータを取り出す
data = wine.data
target = wine.target

# データを分割
X_train, X_test, Y_train, Y_test = train_test_split(data, target, test_
size=0.2, random_state=0)

# 決定木をインスタンス化
```

```
clf = tree.DecisionTreeClassifier()

# 学習データから、決定木に学習をさせる
clf = clf.fit(X_train, Y_train)

# 正解率を表示
print (clf.score(X_test, Y_test))

# ❶DOT言語でグラフを表現した、tree.dotを生成
tree.export_graphviz(
    clf,                                    # 決定木インスタンス
    feature_names=wine.feature_names,       # 特徴量の名前
    class_names=wine.target_names,          # 分類先の名前
    filled=True,                            # 最も多数を占める分類先ごとに色分け
    rounded=True,                           # 各ノードのボックスの角を丸くし、⤵
Helveticaフォントで見やすく
    out_file='tree.dot',                    # 生成されるファイル名を指定
)

# ❷tree.dotを視覚化して、画像で出力
(graph, ) = pydot.graph_from_dot_file('tree.dot')
graph.write_png('tree.png')
```

1行目で import pydot を行っている以外は、24行目まで tree.py と同じです。❶で示す25行目から解説をしていきます。tree.export_graphviz は決定木インスタンスを第一引数にとります。以下、それぞれの引数について説明していきます。

feature_names は各特徴量の名前で、class_names は分類先の名前になります。load_wine() で取得した wine にはそれぞれ feature_names、target_names で特徴量の名前と分類先の名前へアクセスできます（後者が class_names でないことに注意してください）。filled に True を指定することで、最も多数を占める分類先ごとに色分けをしてくれます。rounded に True を指定することで各ノードのボックスの角を丸くし、Times-Roman の代わりに Helvetica フォントが使用されることで見やすくなります。最後に、out_file は視覚化された結果、生成されるファイル名を指定します。

```
# ❶DOT言語でグラフを表現した、tree.dotを生成
tree.export_graphviz(
    clf,                                # 決定木インスタンス
    feature_names=wine.feature_names,   # 特徴量の名前
    class_names=wine.target_names,      # 分類先の名前
    filled=True,                        # 最も多数を占める分類先ごとに色分け
    rounded=True,                       # 各ノードのボックスの角を丸くし、
Helveticaフォントで見やすく
    out_file='tree.dot',                # 生成されるファイル名を指定
)
```

この .dot という拡張子は見慣れないかもしれませんが、DOT 言語で書かれたデータのファイルに拡張子として使用されます。次のコマンドで生成された tree.dot の中身を見てみましょう。

```
cat tree.dot
```

以下のようなテキストが表示されます。

(実行結果)

```
digraph Tree {
node [shape=box, style="filled, rounded", color="black", fontname=helvetica] ;
edge [fontname=helvetica] ;
0 [label="color_intensity <= 3.46\ngini = 0.662\nsamples = 142\nvalue = 
[45, 55, 42]\nclass = class_1", fillcolor="#39e5811a"] ;
1 [label="gini = 0.0\nsamples = 46\nvalue = [0, 46, 0]\nclass = class_1", 
fillcolor="#39e581ff"] ;
0 -> 1 [labeldistance=2.5, labelangle=45, headlabel="True"] ;
2 [label="flavanoids <= 2.11\ngini = 0.58\nsamples = 96\nvalue = [45, 9, 
42]\nclass = class_0", fillcolor="#e581390e"] ;
0 -> 2 [labeldistance=2.5, labelangle=-45, headlabel="False"] ;
3 [label="hue <= 0.97\ngini = 0.245\nsamples = 49\nvalue = [0, 7, 42]\
nclass = class_2", fillcolor="#8139e5d4"] ;
2 -> 3 ;
4 [label="flavanoids <= 1.58\ngini = 0.045\nsamples = 43\nvalue = [0, 1, 
42]\nclass = class_2", fillcolor="#8139e5f9"] ;
3 -> 4 ;
```

```
5 [label="gini = 0.0\nsamples = 42\nvalue = [0, 0, 42]\nclass = class_2",
fillcolor="#8139e5ff"] ;
4 -> 5 ;
6 [label="gini = 0.0\nsamples = 1\nvalue = [0, 1, 0]\nclass = class_1",
fillcolor="#39e581ff"] ;
4 -> 6 ;
7 [label="gini = 0.0\nsamples = 6\nvalue = [0, 6, 0]\nclass = class_1",
fillcolor="#39e581ff"] ;
3 -> 7 ;
8 [label="alcohol <= 12.785\ngini = 0.081\nsamples = 47\nvalue = [45, 2,
0]\nclass = class_0", fillcolor="#e58139f4"] ;
2 -> 8 ;
9 [label="gini = 0.0\nsamples = 2\nvalue = [0, 2, 0]\nclass = class_1",
fillcolor="#39e581ff"] ;
8 -> 9 ;
10 [label="gini = 0.0\nsamples = 45\nvalue = [45, 0, 0]\nclass = class_0",
fillcolor="#e58139ff"] ;
8 -> 10 ;
}
```

　DOT言語は、プレーンテキストを用いてデータ構造としてのグラフを表現するための言語です。したがってDOT言語としてこのテキストでグラフを表現しているのですが、人の目でみたときによりわかりやすくするために、このグラフを図にしましょう。❷で示すvisualize.pyの末尾2行を見てください。

　図にして見やすい形にするためにpydot.graph_from_dot_file('tree.dot')はdotファイルをグラフにしています。返り値として、複数のグラフを含むlistを想定しているので、1つのグラフを取り出すために(graph,)という書き方で変数に代入しています。

　最後に、graph.write_png('tree.png')でグラフをpngファイルにして書き出しています。

```
# ❷tree.dotを視覚化して、画像で出力
(graph, ) = pydot.graph_from_dot_file('tree.dot')
graph.write_png('tree.png')
```

visualize.py を実行することで、実行ファイルが含まれているフォルダと同じフォルダに tree.png が生成されます。tree.png を開いてみると、**図 3.13** のように、分類に用いられた特徴量とそのルールが上から判断順に視覚化されます。

図 3.13 tree.png

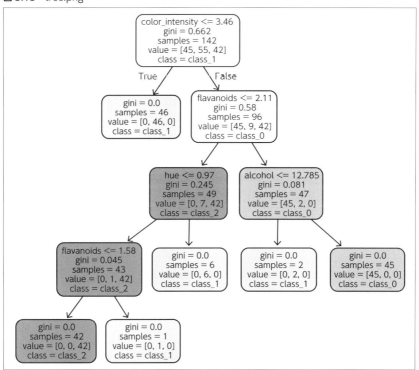

決定木アルゴリズムは、特定の特徴量のしきい値を使って段階的にデータの分割を行います。上から下に順に徐々に分割を行っていることがこの図から読み取れます。上から順に説明をしていきます。まずは一番上のボックスの中身を 1 行ずつ見ていきましょう。

```
color_intensity <= 3.46
```

色彩の強度（color_intensity）が3.46以下かで分割が行われているようです。

```
gini = 0.662
```

このginiはジニ係数[注3]を表しています。ジニ係数とは純粋性を測定するための指標の1つです。係数が低いほど分割後のデータの分類がうまくいっていることを表します。

```
samples = 142
```

samplesは学習データ全体の件数を表しています。load_wine()で読み込まれた全データは178でしたが、そのうち8割を学習データに、2割をテストデータにしたため、学習データは142件となっています。

```
value = [45, 55, 42]
```

valueは左からclass_0、class_1、class_2の分類先に所属するデータの数を表しています。

```
class = class_1
```

最も多数を占めるデータの分類先を示しています。次に、1つ目のボックスから出た分岐の矢印とその先のボックスを見てみましょう。色彩の強度（color_intensity）が3.46以下であることに対してTrue（左斜め下）の場合を見ていきます。ボックスの中身を見るとvalue = [0, 46, 0]という値があります。ここから、46件のデータは、class_1に分類できることがわかります。

次にFalse（右斜め下）の矢印の先のボックスを見るとvalue = [45, 9, 42]となっており、まだ複数の分類先が存在していることがわかります。このボックスの下以降行は矢印にTrueとFalseの記載がありませんが、1つ

注3 ジニ係数についてもう少し詳しく学びたい方は次のURLを参照してみてください。「データからの知識発見 ('12) 第10章決定木」http://www.is.ouj.ac.jp/lec/data/C10/T10.pdf

目の分岐にならって、左斜め下に進む矢印が True、右斜め下に進む矢印が False になります。

　矢印をたどっていきましょう。次はフラボノイド（flavanoids）の含有量が 2.11 以下というしきい値で分岐するようです。2段目右のボックスから True （左斜め下）に進むと、value = [0, 7, 42] と分類されています。データの割合としては、class_2 が多数を占めています。

　2段目右のボックスから False（右斜め下）に進むと、value = [45, 2, 0] と分類されています。データの割合としては、class_0 が多数を占めています。

　この時点（3段目）で、多くのデータは3つの分類先に正しく分類されつつあることが上記からわかります。「色彩の強度（color_intensity）」と「フラボノイド（flavanoids）の含有量」という2つの特徴量だけで、今回のデータの場合、ほとんどのワインは誰が生産したワインかわかる（正しいクラスに分類できる）ということはとても興味深いです。

　このように、「どんな特徴量が分類に寄与しているか？」を考察することで、新しい気付きを得ることができます。例えば、もし仮に class_1 のワインがよく売れるワインであるということであれば、色彩の強度を特定のしきい値以下にコントロールすることが売れるワインをつくる秘訣であるといえるかもしれません。また、色彩の強度に関連するデータを取り、特徴量へ追加することで分類の精度がより増すかもしれません。

　ビジネス的な視点や分類精度の向上という観点から、「どんな特徴量が分類に寄与しているか？」を考察することはとても大事であることがわかります。

　4段目以降は前述のような分岐を重ねて、最終的には学習データすべての分類を正しく行えるようなアルゴリズムとなっています。このアルゴリズムを、予測結果を評価するためにあらかじめとっておいた、未知のデータに対して適用したところ、0.972 という正解率となったのが tree.py の実行結果でした。

3.2.7　別のアルゴリズムを試してみる

　先ほどは決定木というアルゴリズムでワインのデータを分類しました。別のアルゴリズムも試してみましょう。

scikit-learnは、3.2.3項でもふれたSVM、ニューラルネットワーク、**ランダムフォレスト**といった機械学習のためのアルゴリズムをサポートしています。ここでは、決定木と関係の深いランダムフォレストを取り上げます。ランダムフォレストはアンサンブル学習アルゴリズムの1つです（**図3.14**）。アンサンブル学習とは、簡単にいえば多数決をとる方法です。複数の決定木の分類結果を集めて多数決をとることで、汎化能力（学習データだけに対してだけでなく、未知の新たなデータに対して正しく予測できる能力）を向上させて最終的な結果を予測します。

図3.14　ランダムフォレストの概念図

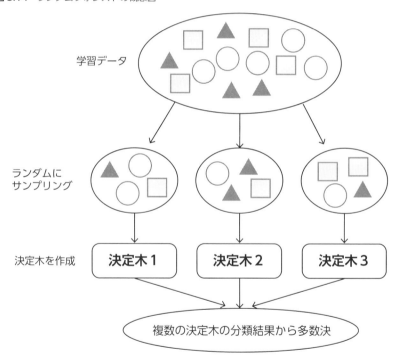

ランダムフォレストを用いて分類するための実装コードを見てみましょう。

3.2 scikit-learn による機械学習の基本

(ch3/forest.py)
```python
from sklearn import ensemble
from sklearn.datasets import load_wine
from sklearn.model_selection import train_test_split

# ワインのデータをインポート
wine = load_wine()

# 特徴量とラベルデータを取り出す
data = wine.data
target = wine.target

# データを分割
X_train, X_test, Y_train, Y_test = train_test_split(data, target, test_
size=0.2, random_state=0)

# ❶ランダムフォレストをインスタンス化
clf = ensemble.RandomForestClassifier(n_estimators=100, random_state=1)

# ❷学習データからランダムフォレストが学習
clf = clf.fit(X_train, Y_train)

# 正解率を表示
print (clf.score(X_test, Y_test))
```

　実は決定木で予測を行ったコード（tree.py）と比べたとき、コメント以外での変更箇所は1行目と16行目だけです。それぞれのコードを見てみましょう。

　1行目はライブラリのインポートを変更しています。これは先ほど紹介したアンサンブル学習のライブラリをインポートしています。

```
from sklearn import ensemble
```

　❶で示す16行目はランダムフォレストをインスタンス化しています。n_estimators は決定木の数です。一般的にはこの数を増やすと汎化能力が上がると言われています。しかし、計算量が増えるため n_estimators の数を増やせば実行時間は長くなります。

第 3 章　scikit-learn ではじめる機械学習

　決定木の実装でも出てきましたが、random_state は同一のデータ分割の条件で行いたいという場合に、random_state に特定の数値を指定することで、その条件を再現できます。

```
# ❶ランダムフォレストをインスタンス化
clf = ensemble.RandomForestClassifier(n_estimators=100, random_state=1)
```

　このように、機械学習のアルゴリズムを変更しても、❷で示す 19 行目の clf.fit(X_train, Y_train) といった学習のための実行方法は変わりません。各機械学習のアルゴリズムのインターフェースが変わらないために、容易にアルゴリズムを変更して実験できることが scikit-learn の良い特徴です。

　筆者の環境では、forest.py を実行した結果、1.0 という正解率を得ることができました。

COLUMN

グリッドサーチで最適なパラメータを見つける

▶最適なパラメータを見つけたい

　ランダムフォレストで最適なパラメータを見つけたい場合に、どのようにパラメータを求めれば良いでしょうか？ 章内の例では n_estimators というパラメータについて 100 という値を指定していますが、別の値を指定した方が良いかもしれません。また、他にも指定できるパラメータが存在しています。

```
class sklearn.ensemble.RandomForestClassifier(
    n_estimators='warn',
    criterion='gini',
    max_depth=None,
    min_samples_split=2,
    min_samples_leaf=1,
    min_weight_fraction_leaf=0.0,
    max_features='auto',
    max_leaf_nodes=None,
    min_impurity_decrease=0.0,
```

```
        min_impurity_split=None,
        bootstrap=True,
        oob_score=False,
        n_jobs=None,
        random_state=None,
        verbose=0,
        warm_start=False,
        class_weight=None
)
```

各パラメータを1つ1つ指定し、実行を繰り返して、すべての組み合わせの結果を比較するにはちょっと限界がありそうですね。最適なパラメータを見付けるにはどうしたら良いでしょうか？ その手法の1つに**グリッドサーチ**があります。scikit-learn を用いたグリッドサーチの実装を見てみましょう。

▶グリッドサーチを実行してみる

ここでは、ランダムフォレストにおける精度によく効くといわれているパラメータについて、グリッドサーチを実行してみましょう。

早速ですが以下がサンプルコードです。

(ch3/grid_search.py)

```
from sklearn.datasets import load_wine
from sklearn.model_selection import GridSearchCV
from sklearn.ensemble import RandomForestClassifier
# データの準備
wine = load_wine()
data = wine.data
target = wine.target
# 各パラメータの試したい値を配列で指定
parameters = {
        'n_estimators'      : [3, 5, 10, 30, 50, 100],
        'max_features'      : [1, 3, 5, 10],
        'random_state'      : [0],
        'min_samples_split' : [3, 5, 10, 30, 50],
        'max_depth'         : [3, 5, 10, 30, 50]
}
# 分類器やパラメータを引数として渡す
clf = GridSearchCV(estimator=RandomForestClassifier(), param_grid=parameters, cv=5, iid=False)
```

```
# 今までと同じ書き方でグリッドサーチが可能
clf.fit(data, target)
# 最も精度の高かったパラメータの値を出力
print(clf.best_estimator_)
```

　各パラメータの試したい値を配列で指定し、parametersに代入したあと、GridSearchCV(estimator=RandomForestClassifier(), param_grid=parameters, cv=5, iid=False)という形で分類器やパラメータを引数として渡します。あとは今までと同じ書き方でclf.fit(data, target)を実行することでグリッドサーチが可能です。最後に、clf.best_estimator_ からすべてのパラメータの組み合わせ分を総当たりで評価した結果、最も精度の高かったパラメータの値がわかります。実行すると以下のような出力が確認できます。（手元の実行結果と以下を比較した際に各パラメータの値に違いがあっても問題ありません）。

```
RandomForestClassifier(bootstrap=True, class_weight=None, criterion='gini',
            max_depth=10, max_features=3, max_leaf_nodes=None,
            min_impurity_decrease=0.0, min_impurity_split=None,
            min_samples_leaf=1, min_samples_split=5,
            min_weight_fraction_leaf=0.0, n_estimators=30, n_jobs=None,
            oob_score=False, random_state=0, verbose=0, warm_start=False)
```

　パラメータをチューニングするだけで、機械学習の精度が大きく変わることもあります。すべてのパターンを総当たりするので計算時間はかかりますが、グリッドサーチを用いることで最適なパラメータを見つけることができます。

3.2.8 機械学習での予測結果に関する評価方法

▶適合率と再現率

　今まではclf.score(X_test, Y_test)という関数で正解率（Accuracy）を基準に分類の精度を評価してきました。しかし、実社会では必ずしも正解率だけで評価できないことがあります。

例えば、機械工場での部品の製造工程の中で不良品を見つけるという課題があったとします。ここに100個の部品があり、99個の良品と1個の不良品があります。この良品と不良品を、部品の重さなどの特徴量から機械学習を用いて分類します。このとき分類器Aと分類器Bについて、課題に適した分類器はどちらの分類器なのかを考えてみましょう。分類器Aは100個の部品をすべて「良品である」と判定します。結果、正解率は99%です。

正解99個÷全体100個＝正解率0.99（99%）

一見すると正解率99%はとても優秀な分類結果に見えます。しかし、不良品として予測される部品が1つもなく、もともとの目的である「不良品を見つける」という課題に対してはまったく役に立っていないことがわかります（図3.15）。

図3.15 適合率（Precision）と再現率（Recall）

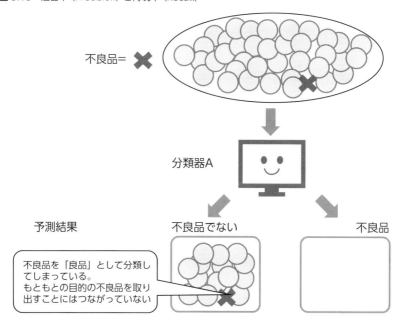

100個のうち10個を「不良品である」と判定し、その10個の中には不良品を含めることのできる別の分類器Bが存在するとします。不良品と判定した10個のうちに不良品を含めることができたとき、この分類器Bの正解率は91%です（**図3.16**）。

正解91(90個の良品＋1個の不良品)個÷全体100個＝正解率0.91 (91%)

「正解率」だけで見ると分類器Aのほうが分類器Bのよりも優秀です。しかし、分類器Bはもともとの「不良品を見つける」という目的を達成していていることがわかります。

図3.16　適合率 (Precision) と再現率 (Recall)

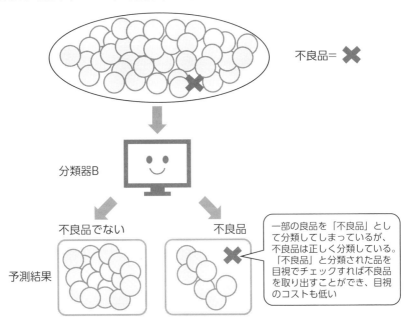

製造工程の中で元々は目視で100個の部品を確認していたとすれば、分類器Bを用いることで目視で確認すべき部品数は10個になり、90%のコストカットが実現できるかもしれません。

このように、現実世界では分類によって取り出したいクラス（グループ）は目的によってさまざまであることがわかります。

そこで、機械学習での予測結果を評価する際に確認すべき2つの指標を紹介します。それが**適合率**（**Precision**）と**再現率**（**Recall**）です。適合率と再現率はクラスごとに値を出すことができます。分類器Bの適合率と再現率を出してみましょう。

適合率は、予測結果のうち、どの程度正解したかの割合を表す指標です。

分類器Bの良品の適合率：90個を「良品」と予測。そのうち90個が良品
90 ÷ 90 = 1.0（100%）

分類器Bの不良品の適合率：10個を「不良品」と予測。そのうち1つが不良品
1 ÷ 10 = 0.1（10%）

再現率は、正解した予測結果が実際の正解をどの程度を網羅しているか割合を表す指標です。

分類器Bの良品の再現率：正解した予測結果は90個。実際の正解（良品数）は99個
90 ÷ 99 = 0.909（90.9%）

分類器Bの不良品の再現率：正解した予測結果は1個。実際の正解（不良品）は1個
1 ÷ 1 = 1.0（100%）

今回の例では、不良品の再現率を1にすること第一目的とし、その上で不良品の適合率を上げるようなことができれば、不良品を見つけながらも、うまく目視のコストを下げることにつながります。

▶適合率と再現率をコードで確認する

実際のコードとワインデータで適合率と再現率を確認してみましょう。以下のコードで確認できます。

(ch3/evaluation.py)

```python
from sklearn import tree
from sklearn.datasets import load_wine
from sklearn.model_selection import train_test_split
from sklearn.metrics import classification_report

wine = load_wine()
data = wine.data
target = wine.target
X_train, X_test, Y_train, Y_test = train_test_split(data, target, test_size=0.2, random_state=0)
clf = tree.DecisionTreeClassifier()
clf = clf.fit(X_train, Y_train)

# ❶テストデータのラベルを予測
Y_pred = clf.predict(X_test)

# ❷各クラスの適合率と再現率を表示
print (classification_report(Y_test, Y_pred, target_names=wine.target_names))
```

tree.pyから以下の3行を追記しました。これらを1行ずつ説明していきます。

scikit-learnには各クラスの適合率と再現率を簡単に確認できるclassification_reportが準備されており、4行目でimportしています。

```python
from sklearn.metrics import classification_report
```

予測結果を出すには❶で示すclf.predict(X_test)を実行します。特徴量を持った予測したいデータを引数に渡しpredictでラベルを予測します。

```python
# ❶テストデータのラベルを予測
```

```
Y_pred = clf.predict(X_test)
```

最後に❷のようにclassification_report(Y_test, Y_pred, target_names=wine.target_names)を実行します。第一引数に正解のラベル、第二引数に予測結果、target_namesにクラス名を渡すことで、各クラスの適合率と再現率を出力します。

```
# ❷各クラスの適合率と再現率を表示
print (classification_report(Y_test, Y_pred, target_names=wine.target_names))
```

evaluation.pyを実行すると、以下の結果が出力されます。

(実行結果)

	precision	recall	f1-score	support
class_0	0.93	1.00	0.97	14
class_1	1.00	0.94	0.97	16
class_2	1.00	1.00	1.00	6
micro avg	0.97	0.97	0.97	36
macro avg	0.98	0.98	0.98	36
weighted avg	0.97	0.97	0.97	36

precisionとrecallの列を見てみましょう。precision（適合率）を見るとclass_0が0.93となっており、他のクラスは1.00です。適合率は予測結果のうち、どの程度正解したかの割合を表す指標なので、予測結果がclass_0以外である予測結果はすべて正解だったようです。「class_1のワインだけを取り出したい。ただし、他のワインを混ぜないでほしい。」というニーズは満たせそうです。一方で、class_0の適合率は0.93なので、分類器が「class_0と分類したが、そうでないクラス」のワインが存在することになります。したがってこの分類器では「class_0のワインだけを取り出したい。ただし、他のワインを混ぜないでほしい。」というニーズは、「class_0のワインだと予測した結果」に別のクラスのワインが入ってしまうために満たせません。

recall（再現率）を見ると class_1 が 0.94 となっており、他のクラスは 1.00 です。再現率は、正解した予測結果が実際の正解をどの程度を網羅しているか割合を表す指標なので、実際の正解が class_1 以外の予測結果はすべて網羅されているようです。例えば、「間違ったワインが入っていても多少の誤りは許容できるので、class_0 の生産者がつくったワインすべてを洗い出したい」というニーズは満たせそうです。一方で「間違ったワインが入っていても多少の誤りは許容できるので、class_1 の生産者がつくったワインすべてを洗い出したい」というニーズは満たせません。class_1 の生産者がつくったワインが class_0 に分類されていることがあるからです。

ちなみに、class_2 は適合率と再現率がどちらも 1.00 になっているために「他のワインを混ぜずに、全体から class_2 のワインだけをすべて取り出したい」というニーズを満たすことができます。

繰り返しになりますが、「機械学習によってどんな課題を解決したいか」によって追うべき指標が変わり、最適な方法も変わってきます。

実際に利用するシーンでは目的を確認しながら、適合率や再現率に注目して追うべき指標を判断しましょう。

3.2.9 ここまでのまとめ

機械学習とは何かという理解を深めながら、scikit-learn を用いて、機械学習でデータを分類することに挑戦しました。たった数行のコードで機械学習を実装でき、さまざまなアルゴリズムを簡単に利用できる scikit-learn は、Python を用いた機械学習の分野でデファクトスタンダードになりつつあります。手を動かして少しずつ慣れていきましょう。

3.3 Flask と scikit-learn で API を構築する

アプリケーションへ機械学習を導入する際には、できるだけ他の機能へ影響を与えずに導入することで、機械学習を用いて開発した機能の PDCA をスムーズに回すことができます。そこで、本章では前節で学んだ scikit-learn を用いて、機械学習の Application Programming Interface（アプリケーション・プログラミング・インターフェイス、API）をつくることに挑戦します。マイクロサービスの考え方にふれながら、実際の機械学習を用いたアプリケーションをつくる基礎力をつけることを目的としています。

API の構築には、**Flask** を用います。Flask は scikit-learn と同じく Python でつくられた、軽量な Web アプリケーションフレームワークです。まずは、マイクロサービスの考え方を踏まえた上で、機械学習を用いたアプリケーションをつくるステップを理解しましょう。

3.3.1 マイクロサービスの考え方

前段として、機械学習を用いたアプリケーションを構築する前に「モノリシック」と「マイクロサービス」という概念にふれましょう。

モノリシック（**monolithic**）とは英語で「一枚岩」という意味です。その意味から、全体が 1 つのモジュールでできていて、さまざまな機能を含んだアプリケーションのことを「モノリシックなアプリケーション」といいます。具体例として、1 つのマシン（仮想マシンを含む）がメール送信機能やスマートフォンへのプッシュ通知機能といった複数の機能を持っている状態が挙げられます（**図 3.17**）。

その反対に、**マイクロサービス**とはアプリケーションが、互いに独立した最小コンポーネントに分割された状態を指します。具体的には、メール送信機能とプッシュ通知機能がそれぞれ別機能として動作している状態です。

第3章　scikit-learnではじめる機械学習

図3.17　モノリシックなアプリケーションとマイクロサービスによるアプリケーションの比較

モノリシックなアプリケーション

さまざまな機能を含んだ1つの
アプリケーション

マイクロサービスによるアプリケーション

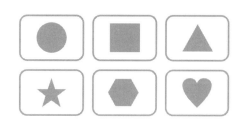

各機能が互いに独立した最小コンポーネント
に分割されたアプリケーション

　マイクロサービスのアーキテクチャによって、各マイクロサービス自体の変更や置き換えは他に影響しないため、以下の利点を得ることができます。

- 独立してデプロイできる
- さまざまなプログラミング言語・フレームワークで作成できる
- マイクロサービス毎に異なるチームで運用管理できる

　メインとなるアプリケーションから機械学習を利用する際には、マイクロサービスの考え方に沿って、機械学習の機能を分割しておくと、上記のメリットを得ることができます。

　そうすることで、例えばもともと運営しているメインのアプリケーションがPHPやRubyで実装されていても、あとから、Pythonで実装された機械学習を用いた機能を追加できます（**図3.18**）。

図 3.18 マイクロサービスの利点

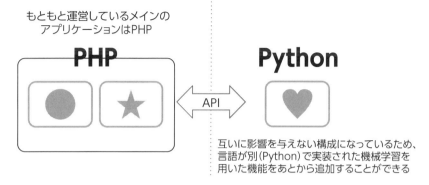

3.3.2 機械学習のアプリケーションをつくるステップ

図3.10を再掲しますが、実際のプロダクション環境で機械学習をアプリケーションとして活用するためには、4つのステップがあります（**図3.19**）。

図 3.19 機械学習のアプリケーションをつくるステップ（図 3.10 再掲）

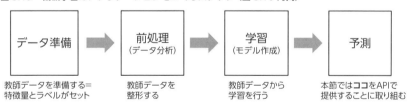

「学習」とはデータを用いて、機械が法則を導き出すステップです。また、「予測」は学習によって得られた法則を用いて未知のデータに対して値を予測するステップです。この学習によって得られた法則のことを「モデル」と呼びます。

本節では、データの準備とラベル付け、それに対する前処理が終わっているという仮定で「学習」と「予測」を解説していき、最終的に1つの機械学習のアプリケーションを構築します。

ところで、前節の tree.py や evaluation.py では「学習」と「予測」のステップは分かれていませんでした。

本章でも扱った evaluation.py を見てみましょう。

(ch3/evaluation.py)
```
from sklearn import tree
from sklearn.datasets import load_wine
from sklearn.model_selection import train_test_split
from sklearn.metrics import classification_report

wine = load_wine()
data = wine.data
target = wine.target
X_train, X_test, Y_train, Y_test = train_test_split(data, target, test_ ↗
size=0.2, random_state=0)
clf = tree.DecisionTreeClassifier()
clf = clf.fit(X_train, Y_train)

# ❶テストデータのラベルを予測
Y_pred = clf.predict(X_test)

# ❷各クラスの適合率と再現率を表示
print (classification_report(Y_test, Y_pred, target_names=wine.target_names))
```

11行目を見てください。fit関数で分類アルゴリズムが学習を行っています。

```
clf = clf.fit(X_train, Y_train)
```

そして14行目では予測を行っています。

```
Y_pred = clf.predict(X_test)
```

実際のWebアプリケーションにおいて、学習と予測を分ける理由はどこにあるのでしょうか?

3.3.3 学習と予測を分けると得られるメリット

学習と予測を分けない場合、ユーザにレスポンスを返す際に「学習」を行うことになります。

実際のWebアプリケーションをつくるにあたっては、学習のためのデータが大規模であることが多いです。したがって、学習するアルゴリズムによってはとても時間がかかりリアルタイムに学習を終えられない場合があります。例えば、次章で扱うディープラーニング系のアルゴリズムは他のアルゴリズムよりも学習に時間がかかることが多いです（**図3.20**）。

そこで、学習と予測を分けることにより、ユーザに正しくレスポンスを返すことが可能になります。また、仮に学習時間が短いアルゴリズムだとしても、ユーザがリアルタイムに利用するWebアプリケーションの場合、ユーザにとってはレスポンスは早い方が良いです。なぜなら、レスポンスタイムが遅いことでWebアプリケーションから離脱されることがあるからです。1つの例ですが、モバイル端末からのアクセスにおいて、サーバは応答を200ミリ秒未満で返すことをGoogleは推奨しています[注4]。

この問題に対応するために、「学習」と「予測」のステップを分割し、ユーザへのレスポンス時間のうち、「学習」の時間をスキップし、「予測」にかかる時間のみにすることができます（**図3.21**）。

図3.20 学習と予測を分けない場合

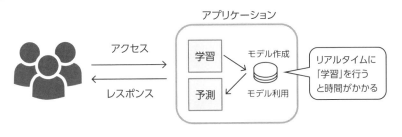

[注4]「Mobile Analysis in PageSpeed Insights ｜ PageSpeed Insights ｜ Google Developers」
https://developers.google.com/speed/docs/insights/mobile

さらに、チームで機械学習を用いたアプリケーションをつくる際には、ステップごとに疎に担当者を分けることができるというメリットもあります。学習と予測ではそれぞれのステップで求められる主なスキルに違いがあります。

- **学習**：正解率などの評価値を目的値まで高めるスキル。後述の「予測」よりも機械学習エンジニアの知見が多く求められる
- **予測**：API 構築などを行い、他システムと連携する。アプリケーションやインフラストラクチャーの知識が必要（もちろん学習によって得られたモデルを用いる機械学習エンジニアの知見も一部必要）

チームで機械学習を用いたアプリケーションをつくる際には、ステップごとに担当者を分けることで、上手く作業を分担できるようになります。

学習と予測を分けることによって、以上の2つのメリットを得ることができます。次に、具体的な分割の仕方を見ていきましょう。

図 3.21　学習と予測を分けた場合

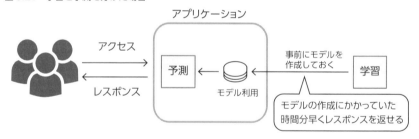

3.3.4　学習結果を保存し、読み込む

学習と予測をつなげるには、学習した結果を一度保存する必要があります。

前節に引き続き、ワインデータを用いて学習した結果を一度保存するサンプルを動かしてみましょう。次のコードを実行してみてください。

3.3 Flask と scikit-learn で API を構築する

(ch3/model_save.py)

```python
import pickle
from sklearn import tree
from sklearn.datasets import load_wine
from sklearn.model_selection import train_test_split

wine = load_wine()
data = wine.data
target = wine.target
X_train, X_test, Y_train, Y_test = train_test_split(data, target, test_
size=0.2, random_state=0)
clf = tree.DecisionTreeClassifier()
clf = clf.fit(X_train, Y_train)

# ❶学習済みの決定木アルゴリズムをファイルに保存
with open('model.pkl', mode='wb') as fp:
    pickle.dump(clf, fp)
```

1行目を見ると、**pickle** を import しています。**pickle** の名前の由来は Pickles（ピクルス：漬物）から来ており、Python のオブジェクトの状態を保存できる Python モジュールです。

```python
import pickle
```

❶で示す13〜15行目では model.pkl というファイルに学習済みの決定木アルゴリズムをファイルに保存しています。model_save.py を実行したディレクトリに model.pkl が生成されていることを確認してみてください。

```python
# ❶学習済みの決定木アルゴリズムをファイルに保存
with open('model.pkl', mode='wb') as fp:
    pickle.dump(clf, fp)
```

model_save.py を実行することで無事に学習結果を保存できました。この学習結果を読み込む際にも pickle を利用します。以下のコードを実行してみましょう。

(ch3/model_load.py)

```python
import pickle
from sklearn.datasets import load_wine
from sklearn.model_selection import train_test_split
from sklearn.metrics import classification_report

wine = load_wine()
data = wine.data
target = wine.target
X_train, X_test, Y_train, Y_test = train_test_split(data, target, test_ ⤵
size=0.2, random_state=0)

# ❶学習済みの決定木アルゴリズムをファイルから読み込む
with open('model.pkl', mode='rb') as fp:
    clf = pickle.load(fp)

# ❷テストデータのラベルを予測
Y_pred = clf.predict(X_test)

# `evaluation.py`とまったく同じ値が出力されることを確認
print (classification_report(Y_test, Y_pred, target_names=wine.target_names))
```

❶で示す11〜13行目で、保存した学習結果（Pythonオブジェクト）を読み込んでいます。

```python
# ❶学習済みの決定木アルゴリズムをファイルから読み込む
with open('model.pkl', mode='rb') as fp:
    clf = pickle.load(fp)
```

このコード中では、決定木アルゴリズムのインスタンス化 clf = tree.DecisionTreeClassifier() や学習 clf = clf.fit(X_train, Y_train) は行っていませんが、保存した学習結果から❷のように16行目で予測を行っています。

```python
# ❷テストデータのラベルを予測
Y_pred = clf.predict(X_test)
```

実行してみると以下のように、予測結果が出力されます。

（実行結果）

```
              precision    recall  f1-score   support

     class_0       0.93      1.00      0.97        14
     class_1       1.00      0.94      0.97        16
     class_2       1.00      1.00      1.00         6

   micro avg       0.97      0.97      0.97        36
   macro avg       0.98      0.98      0.98        36
weighted avg       0.97      0.97      0.97        36
```

本章で扱った evaluation.py とまったく同じ値が出力されました。学習結果が正しく保存されていたことを確認できましたね。

実際のアプリケーションでは、model.pkl のような学習結果のファイルをストレージサービス（AWS の S3 など）に一度保存し、予測のアプリケーションをデプロイする際にダウンロードすることで予測側にこの学習結果を渡すことができます。

3.3.5 学習結果を用いて予測 API を構築する

学習で作成したモデルを使って、未知のデータに対して値を予測していきます。この際、機械学習を用いた機能を用いる際には、メインのアプリケーションから HTTP（HTTPS）でアクセスできる形にできると、マイクロサービスの考え方にそっていて、運用しやすいです。したがって、API の構築が必要になります。

3.3.6 Flask を起動してみる

Flask とは scikit-learn と同じく Python でつくられた、軽量な Web アプリケーションフレームワークです。

Flask

http://flask.pocoo.org/

以下を実行して、そのシンプルさを体感してみましょう。

(ch3/hello_flask.py)
```python
from flask import Flask
app = Flask(__name__)

# TOPページで実行するコードを指定
@app.route('/')
def hello():
    # 表示する文字を指定
    return 'Hello World!'

if __name__ == '__main__':
    app.run()
```

以下のようなメッセージが表示されます。

(実行結果)
```
* Serving Flask app "hello_flask" (lazy loading)
* Environment: production
  WARNING: Do not use the development server in a production environment.
  Use a production WSGI server instead.
* Debug mode: off
* Running on http://127.0.0.1:5000/ (Press CTRL+C to quit)
```

Google Chrome などのブラウザで次の URL にアクセスしてみてください。

http://127.0.0.1:5000

「Hello World!」という文字が表示されていれば成功です。Flask を使えば、簡単な Web アプリケーションをシンプルなコードですばやく作成できます。

3.3.7 学習結果を Flask から読み込み、予測結果を API で返す

「3.3.4 学習結果を保存し、読み込む」で保存した、ワインデータの学習結

3.3 Flask と scikit-learn で API を構築する

果 model.pkl を読み込み、Flask 側から実行してみましょう。Flask を用いて、ワインの特徴量を HTTP の POST 形式で受け取り、予測した結果を返す API を作成します。以下のコードを実行してみてください。

(ch3/predict_api.py)

```python
import pickle
import numpy as np
from flask import Flask, jsonify, request
app = Flask(__name__)

# ❶pickleを用いて保存された学習結果の読み込み
with open('model.pkl', mode='rb') as fp:
    clf = pickle.load(fp)

# ❷呼び出されるURLとコードを対応付け
@app.route('/', methods=['POST'])
def predict():

    # ❸送られてきたデータの取り出し
    unknown_wine = request.json['wine']

    # ❹listで受け取ったデータをNumPy配列に変換
    unknown_wine = np.array([unknown_wine])

    # ❺学習結果を用いて予測
    pred_label = clf.predict(unknown_wine)

    # ❻レスポンスを返すためにlistに変換
    pred_label = pred_label.tolist()

    # ❼JSON形式にしてレスポンスを返す
    return jsonify(dict(pred_label=pred_label[0]))

if __name__ == '__main__':
    app.run()
```

6行目から見ていきましょう。❶で示す6～8行目では3.3.4項と同様、pickle を用いて保存された学習結果を読み込んでいます。

```
# ❶pickleを用いて保存された学習結果の読み込み
with open('model.pkl', mode='rb') as fp:
    clf = pickle.load(fp)
```

❷で示す11行目の@app.route('/', methods=['POST'])で、呼び出されるURLとコードを対応付けています。

ここでは、パスとして/を指定し、POSTメソッドを指定しています。

```
# ❷呼び出されるURLとコードを対応付け
@app.route('/', methods=['POST'])
```

❸で示す14行目ではrequest.json['wine']で送られてきたJSONデータのうちwineというキーを持った値（データ）を取り出しています。

```
# ❸送られてきたデータの取り出し
unknown_wine = request.json['wine']
```

このAPIはJSONでデータをやり取りしており、POSTされたrequest.json['wine']のデータの中身はlist型です。

分類器は、NumPy配列を入力データの形式にしています。そこで、❹で示す17行目ではlistで受け取ったデータをNumPy配列に変換し、分類器が利用できる形にするためにnp.array()を用いています。

```
# ❹listで受け取ったデータをNumPy配列に変換
unknown_wine = np.array([unknown_wine])
```

20行目（❺）で学習結果を用いて予測を行い、23行目（❻）でレスポンスを返すためにlist型にしています。

最後に、26行目（❼）でJSON形式にしてレスポンスを返しています。

```
# ❺学習結果を用いて予測
pred_label = clf.predict(unknown_wine)
```

```
# ❻レスポンスを返すためにlistに変換
pred_label = pred_label.tolist()

# ❼JSON形式にしてレスポンスを返す
return jsonify(dict(pred_label=pred_label[0]))
```

こうしてできた Flask の API を実際に叩いてみましょう。ターミナルを 2 つ立ち上げて、1 つのターミナルで predict_api.py、もう 1 つのターミナルで post_wine_data.py を実行しましょう。

(ch3/post_wine_data.py)
```
import requests
from sklearn.datasets import load_wine

wine = load_wine()
data = wine.data
target = wine.target

# APIのURL
url = 'http://127.0.0.1:5000/'

# 1つ目の特徴量を取り出す
unknown_wine = data[0]

# 1つ目のラベルを取り出す
label = target[0]

# NumPy配列をlistへ変換
post_data = {'wine': unknown_wine.tolist()}

# APIをコール
response = requests.post(url, json=post_data).json()

# 予測結果の確認
print ('正解のラベル: %d' % label)
print ('予測結果のラベル: %d' % response['pred_label'])
```

ワインの特徴量を取り出し、APIへPOSTしているコードです。APIへPOSTするためのライブラリとしてrequestsを利用しています。requestsはWeb APIへのアクセスをシンプルに書けるライブラリです。実際にAPIにPOSTしているのは21行目のコードのみです。

```
requests.post(url, json=post_data).json()
```

URLとデータを渡してrequests.postを呼び出し、APIを叩いています。また、JSON形式のレスポンスをパースするために.json()をそのあとに呼び出しています。

出力結果を確認しましょう。

(実行結果)
```
正解のラベル: 0
予測結果のラベル: 0
```

無事にワインのラベルをAPI経由で得ることができ、正しく予測できました。Flaskをデプロイできる環境さえあれば、このまま世の中にAPIとして提供することもできます。その際にはHeroku[注5]などのPaaS（Platform as a Service）を使うことで、サーバの構築や運用を行う手間を省くことができるので、手段の1つとして覚えておくと良いでしょう。

3.3.8 まとめ

マイクロサービスの概念や機械学習のアプリケーションをつくるステップの理解しながら、Flaskとscikit-learnを用いて、機械学習を用いたAPIをつくることに挑戦しました。「学習」と「予測」というステップを分けることで、各人の役割や学習と予測におけるコードもシンプルになりました。もし実際の現場で機械学習のアプリケーションをつくることになった場合には、本章

注5 https://jp.heroku.com/

を参考にしながら実装を検討してみてください。次章では機械学習の手法の1つである「ニューラルネットワーク」を用いて、自然言語処理の問題を解く方法について紹介します。

第4章

GensimとPyTorchを使った自然言語処理

山田 育矢 (Ikuya Yamada)

　本章では、ニューラルネットワークを用いた単語の意味を表すベクトルの学習と、学習したベクトルを用いたいくつかの自然言語処理の手法について解説します。まず、文や文章の最も基本的な意味の単位である単語の意味をベクトルとして学習する方法について学びます。単語のベクトルの学習には、Pythonのオープンソースライブラリである「Gensim」を用います。次に、学習した単語のベクトルを用いた2つの応用を紹介します。最後に、ニューラルネットワークのモデルを実装するためのオープンソースのライブラリである「PyTorch」を用いて、日本語ニュース記事の分類を行う機械学習モデルの実装を行います。

4.1 自然言語処理とは

近年、Amazon Echo や Google Home などのスマートスピーカーや、Apple Siri や Google Now などの AI アシスタントなどによって、人間が言葉を使ってコンピュータとやりとりする機会が増えてきました。こうしたアプリケーションを実現するために必要となるのが**自然言語処理**の技術です。自然言語処理は、日常使っている言葉（自然言語）をコンピュータに処理させるための技術の総称で、単語の分割、単語の品詞の分類、テキストからの情報の抽出、テキストのカテゴリへの分類、人間の質問への応答、テキストの翻訳など、幅広い課題を含んでいます。

自然言語処理の技術は、まだ人間と自然な会話ができるようなレベルには達していませんが、近年、目覚ましい進歩を遂げています。この土台となっている機械学習のアルゴリズムが**ニューラルネットワーク**です。ニューラルネットワークは、1940 年代から研究が行われている、長い歴史を持つアルゴリズムですが、少しずつ改良が重ねられてきた結果、最近になってさまざまな課題において目覚ましい成果を上げるようになってきました。例えば、AlphaGo による人間の囲碁のチャンピオンへの勝利や、ImageNet での画像認識における人間を越える精度の達成などの話題をご存じの読者も多いのではないかと思います。自然言語処理においても、さまざまな課題において、ニューラルネットワークを用いた手法が従来手法の性能を上回って、主流のアプローチとなりつつあります。

4.1.1 分布仮説と Word2vec

ニューラルネットワークを用いた自然言語処理において、基礎的な手法の 1 つとして、本章で紹介する大規模なテキストデータからの単語の意味を表すベクトル（**意味ベクトル**）の学習があります。ベクトルとは、複数の数値が

集まったもので、Pythonでは浮動小数点（float）の配列として表現できます。本章で後述するように、単語をベクトルとして表現すると、ベクトルを用いたさまざまな計算や、機械学習へのベクトルの入力など、単語を用いた処理のモデル化が容易になります。

さて、テキストをコンピュータで処理する際、基本的な意味の単位となるのはテキストを構成する単語です。文や段落や文書は、単語の列としてとらえることができるため、単語の意味を正確に表現できれば、それを用いてより大きな単位での意味の表現が可能になり、上で紹介したようなさまざまな課題を解くことができます。

単語の意味をモデル化するにあたって、よく利用される方法に**分布仮説**（distributional hypothesis[注1]）という1950年代に提案された考え方があります。これは、簡単にいうと、「単語の意味はその単語が使われた文脈（周辺の単語）で決まる」という考え方です。この仮説を採用すると、単語の意味を、テキスト中の単語の周辺に出てきている他の単語を使ってモデル化できます。つまり、テキストから、単語とその周辺に出現した単語を抽出し、それらを学習データとして用いて、単語の意味の学習が可能になります。

本章では、分布仮説に基づいて設計されたニューラルネットワークのモデルである **Word2vec**[注2] で、単語の意味ベクトルを学習する方法について解説します。このモデルでは、単語は、一般に数十〜数百次元のベクトル空間上の点として表現されます。**図 4.1** は、t-SNE[注3] という次元圧縮を行うアルゴリズムを用いて、"砂糖"という単語とベクトル空間上で砂糖と近くに配置された50単語を2次元の平面上にプロットして表現したものです。高次元のベクトル空間に配置されている単語を視覚的に把握することは困難ですが、次元圧縮のアルゴリズムを用いて単語を2次元の空間に配置し直すことで、大まかな様子を把握できるようになります。図からもわかるように、学習さ

注1 Harris, Zellig S. "Distributional Structure." Word 10.2-3 (1954): 146-162.
注2 Mikolov, Tomas, et al. "Distributed Representations of Words and Phrases and their Compositionality." Advances in Neural Information Processing Systems. 2013.
注3 Maaten, Laurens van der, and Geoffrey Hinton. "Visualizing Data using t-SNE." Journal of Machine Learning Research 9.Nov (2008): 2579-2605.

れたモデル上では、ベクトル空間内の位置で単語の意味が表現され、近い意味の単語同士が、空間上の近くに置かれます。また、この図を生成する方法は、本章の 4.2.5 項にて解説します。

図 4.1 Word2vec の視覚化

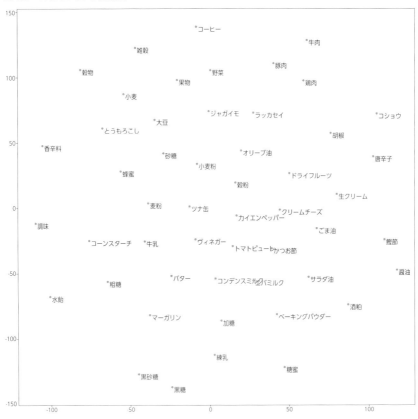

4.1.2 Word2vec の学習

　Word2vec の利点として、モデルが軽量な計算で構成されているため、一般的に広く使われている家庭用のコンピュータでも高速に学習できるとこ

ろがあります。また、Word2vec の実装として、最もよく使われている実装の1つが、Python のライブラリである **Gensim** です。このライブラリに含まれる Word2vec の実装は、Cython や Basic Linear Algebra Subprograms（BLAS）と呼ばれるツールを用いて最適化されており、Python で簡単なコードを記述するだけで、高品質な単語の意味ベクトルを、家庭用のコンピュータ上で数時間で学習できます。

4.1.3 単語の意味ベクトルの応用

　大規模なテキストデータから学習した単語の意味ベクトルを用いることで、さまざまな自然言語処理の課題を解くことができます。本章では、まず、単語の類語検索とアナロジー推論の2つの課題を解く方法を紹介します。

　次にニューラルネットワークのモデルを簡単に実装できるオープンソースのライブラリである **PyTorch** を用いて、日本語ニュース記事のテキスト分類を行う機械学習のモデルを構築します。PyTorch は、Facebook のエンジニアを中心に開発が進められているライブラリです。Google の開発する TensorFlow などの他のライブラリと比較して、柔軟性が高く、Python らしいコードでニューラルネットワークのモデルを自由に記述できます。このため、自然言語処理におけるニューラルネットワークのモデルの実装に最もよく用いられるライブラリの1つとなっています。

　なお、本章は、ニューラルネットワークによる自然言語処理について、家庭用の普通のコンピュータを使って、簡単に実装しながら学べる"足がかり"的な内容を提供することを目的としています。このため、自然言語処理の全般的な話題は、本書では紹介していません。巻末に自然言語処理についてさらに学べる書籍をいくつか紹介していますので、興味を持った方はそちらを参照してください。

 ## Gensim で単語の意味ベクトルを学習する

　本節では、Gensim を用いて、単語の意味ベクトルを学習する方法を解説します。3 章に続いて CLI 上でのプログラム実行を前提とします。

4.2.1　Word2vec のモデル

　Word2vec には分布仮説に基づいて設計された以下の 2 つのモデルが含まれています。

- **skip-gram モデル**：テキスト中に出現するある単語を入力した際に、その周辺にある単語を予測するモデル
- **continuous bag-of-words（CBOW）モデル**：テキスト中に出現するある単語の周辺にある単語群を入力したときに、該当する単語を予測するモデル

　この 2 つのモデルでは、テキスト中の単語と周辺の単語を用いて訓練することで、テキストから単語の意味ベクトルの訓練を可能にしています。

　本書では、多くの課題で CBOW よりも性能が高いことで知られる skip-gram モデルを採用して学習を行っていきます。skip-gram モデルでは、学習を行うテキスト中の単語を順に読み込んで、単語とその周辺単語のペアを大量に作成していきます。例えば、「私はアメリカに行く」という例文で、周辺単語数を 2 に設定してペアの作成を行うと、「私」という単語に対して、以下の 2 組のペアが生成されます。

- 私, は
- 私, アメリカ

また、「アメリカ」に対しては、以下の4組のペアが生成されます。

- アメリカ, 私
- アメリカ, は
- アメリカ, に
- アメリカ, 行く

そして、生成された単語のペアを用いて、一方の単語から、他方の単語をより正確に予測できるように、2つの単語のベクトル表現を逐次的に更新していくことで、単語の意味ベクトルの学習が行われます。

4.2.2 学習データの生成

では、早速、Word2vecで単語の意味ベクトルの学習を行ってみましょう。
上述したように、Word2vecの学習を行うためには、学習を行うテキストデータが必要になります。本書では、Wikipediaに含まれているテキストデータを用いて学習を行います。まず、DBpediaプロジェクトがリリースしているデータから、Wikipediaの本文テキストが含まれているNIF Contextデータをダウンロードしましょう。

```
$ wget http://downloads.dbpedia.org/2016-10/core-i18n/ja/nif_context_ja.ttl.bz2
```

DBpediaは、Wikipediaから取得できるさまざまな情報を、機械で処理しやすい形式に構造化して配布しているプロジェクトです。また、DBpediaのデータは随時アップデートされています。上記のファイルを直接使用しても構いませんが、DBpediaのサイト[注4]を参照して、より新しいリリースがあれば、そのリリースに含まれるNIF Contextデータを利用することも可能です。
次に、このファイルに含まれるテキストデータを、単語ごとにスペース区

注4 http://wiki.dbpedia.org/

切りで分割し、テキストファイルに保存します。以下のコードは、先ほどダウンロードした NIF Context データから Wikipedia 本文を抜き出し、日本語の単語分割を行う機能を持つソフトウェアである MeCab を使って、単語単位に分割し、空白区切りで出力します。NIF Context ファイルは、Terse RDF Triple Language（Turtle）と呼ばれるファイル形式で記述されており、このフォーマットを読み込む機能を持つ RDFLib ライブラリを用いて、読み出しを行います。

(ch4/generate_corpus.py)

```
import bz2
import sys
import MeCab
from rdflib import Graph

tagger = MeCab.Tagger('')
tagger.parse('')  # mecab-python3の不具合に対応 https://github.com/
SamuraiT/mecab-python3/issues/3

def read_ttl(f):
    """Turtle形式のファイルからデータを読み出す"""
    while True:
        # 高速化のため100KBずつまとめて処理する
        lines = [line.decode("utf-8").rstrip() for line in f.readlines(102400)]
        if not lines:
            break

        for triple in parse_lines(lines):
            yield triple

def parse_lines(lines):
    """Turtle形式のデータを解析して返す"""
    g = Graph()
    g.parse(data='\n'.join(lines), format='n3')
    return g

def tokenize(text):
    """MeCabを用いて単語を分割して返す"""
    node = tagger.parseToNode(text)
```

```
    while node:
        if node.stat not in (2, 3):  # 文頭と文末を表すトークンは無視する
            yield node.surface
        node = node.next

with bz2.BZ2File(sys.argv[1]) as in_file:
    for (_, p, o) in read_ttl(in_file):
        if p.toPython() == 'http://persistence.uni-leipzig.org/nlp2rdf/↵
ontologies/nif-core#isString':
            for line in o.toPython().split('\n'):
                words = list(tokenize(line))
                if len(words) > 20:  # 20単語以下の行は無視する
                    print(' '.join(words))
```

では、このファイルを実行してみましょう。

```
$ python generate_corpus.py nif_context_ja.ttl.bz2 > jawiki_corpus.txt
```

実行が完了すると、jawiki_corpus.txt に空白区切りで単語分割された Wikipedia のテキストが出力されます。筆者の環境（Core i7 デュアルコア、MacBook）では、2時間程度でファイルの生成を行うことができました。ここで、念のため、jawiki_corpus.txt に正しく分割された単語が入っているか確認してみましょう。

```
$ head -n1 jawiki_corpus.txt
言語 学 ( げん ご がく ) は 、 ヒト が 使用 する 言語 の 構造 や 意味 を ↵
科学 的 に 研究 する 学問 で ある 。
```

ここで出力の内容が異なっていても問題ありません。単語が空白区切りで分割されたテキストが格納されていることを確認してください。

4.2.3 Gensim による学習

次に、Gensim を用いて学習を行ってみましょう。ここでは、100次元の意味ベクトルの学習を行ってみます。

(ch4/train.py)
```python
import logging
import multiprocessing
import sys
from gensim.models import word2vec

logging.basicConfig(level=logging.INFO)  # 学習状況を標準出力に表示する

cpu_count = multiprocessing.cpu_count()  # CPUのコア数を取得する
model = word2vec.Word2Vec(
    word2vec.LineSentence(sys.argv[1]),
    sg=1,                  # skip-gramを用いる
    size=100,              # ベクトルの次元数を100に設定
    window=5,              # ウィンドウ幅を5に設定
    min_count=5,           # 最小単語出現数を5に設定
    iter=5,                # イテレーション数を5に設定
    workers=cpu_count      # スレッド数をCPUコア数と同じ値に設定
)
model.save(sys.argv[2])
```

それでは、実行してみましょう。

```
$ python train.py jawiki_corpus.txt jawiki_word2vec.bin
```

学習が完了するとjawiki_word2vec.binに学習したモデルが保存されます。筆者の環境では、3.5時間程度で学習が完了しました。

4.2.4 学習時に指定できる主要なパラメータ

Gensimには、モデルの挙動を制御する多数のパラメータが用意されています。この中で特に重要なパラメータは以下です。

- ベクトルの次元数（size）
- ウィンドウ幅（window）
- 最小単語出現数（min_count）

- イテレーション数（iter）
- スレッド数（workers）

これらの5つのパラメータについて、以下にて簡単に解説します。また、これらは、train.py の引数指定部分（11-16 行目）で指定されています。

▶ベクトルの次元数（size）

ベクトルの次元数を指定することで、単語の置かれるベクトル空間の広さ（ニューラルネットワークの表現力）を制御します。大きすぎると訓練時の計算量や、モデルの記憶容量が多く必要となる反面、モデルの表現力が向上します。このトレードオフを考えて、次元数は、100 次元から 500 次元程度が一般的によく用いられています。短い実行時間で学習したい場合や小さいサイズのモデルを学習したい場合には 100 次元、より性能の高いモデルを学習したい場合には 300〜500 次元程度を選ぶと良いでしょう。本書では、100 次元を用いています。

▶ウィンドウ幅（window）

ウィンドウ幅は、テキスト中の単語が与えられた際に、その単語からどのくらい離れた単語までを周辺単語とみなすかを制御します。例えば、ウィンドウ幅が1の場合には、単語と隣接した単語1語が周辺単語として用いられます。ウィンドウ幅は解きたい課題に応じて最適なものが異なりますが、1〜10 程度が用いられることが多いです。ウィンドウ幅が狭い場合には、学習されるベクトル表現がより文法的（syntactic）になり、広い場合には、より広く関連する単語が周辺単語としてみなされるため、意味的（semantic）になるといわれています。また、ウィンドウ幅が増えるほど、訓練時の計算量が増えるため、学習時間を加味して、最適な値を決定する必要があります。本書では、5 を用いています。

▶ 最小単語出現数 (min_count)

　最小単語出現数は、モデルに含める単語の数を制御するためのパラメータです。学習時に用いるテキスト全体の中に、最小単語出現数以上の回数で出現した単語がモデルに含められます。大きい出現数に設定すれば、モデル中の単語を減らすことができるため、モデルのサイズを減らすことができます。また、テキスト中に少なくとも一定回数以上出現していないと良い意味ベクトルの学習が不可能なため、用途に応じて、適切な値に設定する必要があります。本書では、5を用いています。

▶ イテレーション数 (iter)

　モデルの訓練時は、対象となるテキストを順次読み込んで学習を行います。イテレーション数は、テキスト全体を何回イテレーションして学習するかを設定します。訓練時間とのバランスを考えて、適切な値を用いる必要があります。本書では、5を用いています。

▶ スレッド数 (workers)

　訓練に用いるスレッド数を設定します。Gensim は、skip-gram モデルの学習を並列化して処理できるようになっており、CPU コア数が多いほど高速に学習できます。訓練時間を短縮するため、訓練中に他の処理を実行する必要がなければ、CPU コア数と同じ値に設定すると良いでしょう。

4.2.5 意味ベクトルの視覚化

　最後に、学習した意味ベクトルがどのように空間に配置されているかを調べるために、意味ベクトルの視覚化を行ってみましょう。今回学習した意味ベクトルは、100次元で構成されていて、そのままでは視覚的な把握が難しいため、scikit-learn ライブラリに実装されている t-SNE というアルゴリズムを用いて、100次元のベクトルを2次元まで次元圧縮をしてから、平面上にプロットしてみます。

4.2 Gensimで単語の意味ベクトルを学習する

　学習した全単語を限られた誌面のスペースにプロットするのは不可能なため、ここでは「砂糖」という単語に近い単語50個を取得して、視覚化を行います。

(ch4/visualize.py)

```
import sys
import matplotlib.pyplot as plt
import numpy as np
from gensim.models import Word2Vec
from sklearn.manifold import TSNE

# 学習したモデルのロード
model = Word2Vec.load(sys.argv[1])

# 「砂糖」に近い単語を50個取得して視覚化を行う
words = [word for (word, score) in model.wv.most_similar('砂糖', topn=50)]
words.append('砂糖')
vectors = np.vstack([model[word] for word in words])

# t-SNEで意味ベクトルを2次元の空間にマップする
tsne = TSNE(n_components=2)
Y = tsne.fit_transform(vectors)

# 散布図上にベクトルを表す点を描画する
x_coords = Y[:, 0]
y_coords = Y[:, 1]
plt.scatter(x_coords, y_coords)

# 散布図上に単語を描画する
for (word, x, y) in zip(words, x_coords, y_coords):
    plt.annotate(word, xy=(x, y), xytext=(5, -10), textcoords='offset points')

# 散布図を書き出す
plt.savefig(sys.argv[2])
```

　それでは、視覚化を行ってみましょう。

```
$ python visualize.py jawiki_word2vec.bin word2vec_visualization.png
```

完了すると、word2vec_visualization.png に画像が保存されます。**図 4.1** が、このコードを用いて、筆者の環境で生成した画像です。調味料、野菜、肉など、意味の似通った単語が、空間上で近くに配置されていることが分かります。

4.3 類語を検索する

4.3.1 類語検索のアルゴリズム

学習した単語の意味ベクトルが構成する空間では、意味の近い単語同士が、ベクトル空間上で近くに配置されています。この特性を利用すると、ある単語のベクトルに対して近いベクトルを持つ単語を検索することで、類似する単語の検索システムを簡単に作ることができます。単語ベクトルがどのように学習されているかを評価するのも兼ねて、単語の類語検索機能を実装してみましょう。

2つの単語の類似度は、単語のベクトル同士のコサイン類似度を用いて、計測できます。コサイン類似度は、同一の2つのベクトルを比較した場合に1.0、2つのベクトルの角度が180度の場合に-1.0となり、ベクトル同士の角度が小さいほど大きい値となるため、2つのベクトルの近さを計算するのに適した性質を持っているといえます。

4.3.2 類語検索の実装

以下のコードは、与えられた単語に最も近いベクトルを持つ単語を3個表示します。

(ch4/similar_words.py)
```
import sys
import numpy as np
from gensim.models import Word2Vec

COUNT = 3
model_file = sys.argv[1]
```

```python
target_word = sys.argv[2]

# 学習したモデルのロード
model = Word2Vec.load(model_file)

# 意味ベクトルのノルム(長さ)を調整
model.init_sims(replace=True)

# 指定された単語の意味ベクトルを取得
vec = model[target_word]

# 全単語の意味ベクトルを含んだ行列を取得
emb = model.wv.vectors_norm

# 指定された単語の意味ベクトルとすべての単語の意味ベクトルの類似度を計算
sims = np.dot(emb, vec)

count = 0
# 類似度の高い順にソートして順に処理
for index in np.argsort(-sims):
    word = model.wv.index2word[index]
    if word != target_word:
        print('%s (類似度: %.2f)' % (word, sims[index]))
        count += 1
        if count == COUNT:
            break
```

このコードは、以下のようにコマンドラインから実行できます。

```
$ python similar_words.py jawiki_word2vec.bin 入力単語
```

ぜひ、いろいろな単語を入力してみて、どんな単語が近いと表示されるかを実験してみましょう。筆者の学習したモデルでは、「日本」、「飛行機」、「python」の3つの単語に対して、以下のような類語が表示されました。

- 日本:韓国、台湾、英国
- 飛行機:グライダー、航空機、セスナ機

- python：xargs、plist、perl

　いろいろな単語を入力してみて、学習された意味ベクトルがどんな風になっているか、調べてみましょう。また、今回はコサイン類似度を計算するコードを実装しましたが、Gensim にも、most_similar という関数があり、こちらの関数でも同様の計算ができます。

4.4 アナロジーの推論をする

4.4.1 アナロジー推論のアルゴリズム

　本節では、学習した意味ベクトルを使って、**アナロジー推論**と呼ばれる面白い課題を解いてみます。「フランス」と「パリ」、「日本」と「東京」の2つの単語ペアの関係は、国とその首都であることが分かります。また、「父」と「母」、「男」と「女」の2つの単語ペアの関係はそれぞれ男女の性別に対応していることがわかると思います。学習した意味ベクトルを使うと、こうしたアナロジー（類推）を用いた推論を必要とする問題が解けることが知られています。具体的には、パリのベクトルからフランスのベクトルを引いて、日本のベクトルを足すと東京に近いベクトルが計算できるというものです（パリ − フランス + 日本 = 東京）。

4.4.2 アナロジー推論の実装

　この性質を実際に実験してみましょう。「パリ − フランス + 日本 = 東京」を計算する場合、ポジティブな2つの単語（パリ、日本）のベクトルを足して、ネガティブな1つの単語（フランス）のベクトルを引くことで計算したクエリベクトルに対して、すべての単語の意味ベクトルの中で、コサイン類似度で最も近いベクトルを答えとして出力します。

(ch4/word_analogy.py)
```
import sys
import numpy as np
from gensim.models import Word2Vec

model_file = sys.argv[1]
```

```
(pos1, pos2, neg) = sys.argv[2:]

# 学習したモデルのロード
model = Word2Vec.load(model_file)

# 意味ベクトルのノルムを調整
model.init_sims(replace=True)

# クエリベクトルを計算
vec = model[pos1] + model[pos2] - model[neg]

# 全単語の意味ベクトルを含んだ行列を取得
emb = model.wv.vectors_norm

# 全単語に対するクエリベクトルの類似度を計算
sims = np.dot(emb, vec)

# 類似度が最大の単語を選択し、予測結果として出力
for index in np.argsort(-sims):
    word = model.wv.index2word[index]
    if word not in (pos1, pos2, neg):
        print('予測結果:', word)
        break
```

では、「パリ − フランス + 日本」が、「東京」になるか確認してみましょう。

```
$ python word_analogy.py jawiki_word2vec.bin パリ 日本 フランス
予測結果: 東京
```

筆者のマシーンで学習したモデルでは、「東京」が解として出力されました。では、もう1つ「父 − 男 + 女 = 母」になるか試してみましょう。

```
$ python word_analogy.py jawiki_word2vec.bin 父 女 男
予測結果: 母
```

筆者のモデルでは、「母」が答えとして出力されました。

また、前節で紹介したGensimのmost_similar関数でも、引数positive

と negative に、それぞれ加算する 2 単語と減算する 1 単語を指定することで、同様の計算ができます。

4.5 PyTorch で日本語ニュース記事を分類する

本節では、学習した単語の意味ベクトルを用いて、日本語のニュース記事を分類するニューラルネットワークのモデルを実装します。まず、ニューラルネットワークの訓練および性能の評価に用いるデータセットを準備し、単語の分割や語彙の生成、単語の意味ベクトルの読み込みなどの必要な処理の実装を行います。次に、ニューラルネットワークのモデルを定義したあとに、このモデルの訓練と性能の評価を行います。

また、本節の内容は、これまでの本書と内容と比べると、高度な内容が含まれています。ニューラルネットワークに関する知識がない読者の方は、まずはコードを中心に、全体の動作の流れを把握するように読んでみてください。

4.5.1 データセットの準備

ここでは、日本語のテキスト分類のデータセットである「livedoor ニュースコーパス」を用いて実装を行います。このデータセットには、livedoor ニュースという Web ニュースのサイトに含まれる 9 種類のサービスから取得されたニュース記事が含まれています。このデータセットを用いて、ニュース記事が与えられた際に、その記事が掲載されたサービス名を予測するモデルを作成します。ロンウィット社のページで、データセットが配布されていますので、ダウンロードして、解凍しましょう。

livedoor ニュースコーパス

https://www.rondhuit.com/download.html#ldcc

```
$ wget https://www.rondhuit.com/download/ldcc-20140209.tar.gz
$ tar xzf ldcc-20140209.tar.gz
```

上記のコマンドによって、textというディレクトリが作成され、**表4.1**で示す9種類の記事のサービス名を表すディレクトリにテキストファイルで記事が保存されます。

表4.1 ディレクトリ名とサービス名

ディレクトリ名	サービス名
topic-news	トピックニュース
sports-watch	Sports Watch
it-life-hack	ITライフハック
kaden-channel	家電チャンネル
movie-enter	MOVIE ENTER
dokujo-tsushin	独女通信
smax	エスマックス
livedoor-homme	livedoor HOMME
peachy	Peachy

本節では、これらの9個のサービス名をカテゴリとして用いて、ニュース記事が与えられた際に、その記事が掲載されたカテゴリに分類するモデルを作成します。

4.5.2 学習済み意味ベクトルのテキスト形式への変換

最初に、PyTorchから、4.2節で学習した単語の意味ベクトルを読み込めるようにするため、意味ベクトルのファイルをテキスト形式で保存し直します。

```
import gensim
model = gensim.models.KeyedVectors.load('jawiki_word2vec.bin')
model.wv.save_word2vec_format('jawiki_word2vec.txt')
```

このコードを実行すると、jawiki_word2vec.txtに、テキスト形式で学習済みの意味ベクトルが保存されます。

4.5.3 データセットの読み込みと語彙の作成

では、解凍したデータセットを読み込んでみましょう。本節では、PyTorch向けに開発された自然言語処理のデータセットを扱うためのライブラリであるtorchtextを用いて、データセットの読み込みと必要な前処理を行うコードをdataset.pyに実装します。また、このファイルは、あとに作成するnbow_train.pyからインポートして利用します。

まず、MeCabを用いて、テキスト中の単語を分割するtokenize関数を実装します。

(ch4/dataset.py)

```
import os
import MeCab
from torchtext.data import Dataset, Example, Field
from torchtext.vocab import Vectors

tagger = MeCab.Tagger()
tagger.parse('')  # mecab-python3の不具合に対応 https://github.com/SamuraiT/mecab-python3/issues/3

def tokenize(text):
    """MeCabを用いて単語を分割して返す"""
    node = tagger.parseToNode(text)
    ret = []
    while node:
        if node.stat not in (2, 3):  # 文頭と文末を表すトークンは無視する
            ret.append(node.surface)
        node = node.next
    return ret
```

次に、データセットと意味ベクトルをロードするload_data関数を実装します。なお、この関数は、コードの分量が多いため、分割しながら解説を行います。本節の残りのコードはすべてload_data関数の一部であることに注意してください。

load_data 関数は、データセットの含まれるディレクトリ名（data_dir）と意味ベクトルのファイル名（emb_file）を引数として取ります。最初に、データセットの各アイテム（記事）が持つフィールド（属性）を定義します。ここで、アイテムは、それぞれ text（記事のテキスト）と label（記事のカテゴリ）という 2 つのフィールドを持ちます。torchtext では、フィールドを torchtext.data.Field クラスを用いて定義します。

(ch4/dataset.py)
```python
def load_data(data_dir, emb_file):
    """livedoorニュースコーパスと意味ベクトルをロードする"""
    # torchtextを用いてデータセットの各アイテムの持つフィールドを定義
    # アイテムはtextとlabelの2つのフィールドを持つ
    text_field = Field(sequential=True, tokenize=tokenize)
    label_field = Field(sequential=False, unk_token=None)
    fields = [('text', text_field), ('label', label_field)]
```

text フィールドに対しては、sequential 引数に True、tokenize 引数に tokenize 関数を設定しています。このように設定することで、torchtext が実行時に自動的に tokenize 関数を用いて、テキストの単語の分割を行います。

次に、解凍されたデータセット中に含まれる記事を順に読み込んで、データセット中の各記事に対応するアイテム（torchtext.data.Example クラスのインスタンス）および、データセットのすべてのアイテムを含むコンテナ（torchtext.data.Dataset のインスタンス）を作成します。

```python
    examples = []

    # データセット内のディレクトリを順に処理する
    for entry in os.scandir(data_dir):
        if entry.is_file():
            continue

        # ディレクトリ名をラベル名として用いる
        label = entry.name
```

```
        # ディレクトリ内の記事を順に読み込む
        for doc_file in os.scandir(entry.path):
            if doc_file.name.startswith(label):
                with open(doc_file.path) as f:
                    # 1-2行目はURLと日付のため3行目以降を用いる
                    text = '\n'.join(f.read().splitlines()[2:])
                    # アイテム (torchtextのExampleインスタンス) を作成
                    example = Example.fromlist([text, label], fields)
                    examples.append(example)

    # アイテムのリストとフィールドの定義を用いてDatasetインスタンスを作成
    data = Dataset(examples, fields)
```

次に、データセットに含まれるアイテムを、訓練用、テスト用にそれぞれ70%、30%使用するように分割します。訓練用のアイテムは、後述するニューラルネットワークのモデルの訓練に用い、テスト用のアイテムはモデルの性能の評価に用います。

```
# 訓練、テスト用のデータセットを70%、30%の分割比率で作成する
(train_data, test_data) = data.split(0.7)
```

続いて、各フィールドごとに、**語彙** (torchtext.vocab.Vocab) を作成します。ここで語彙とは、テキスト中の単語やカテゴリ名などの文字列を数値表現に変換するための辞書の役割を担います。後述するニューラルネットワークのモデルに対しては、文字列のデータは数値表現に変換してから入力する必要があるため、単語およびカテゴリ名を対応する数値 (ID) に変換する辞書を事前に生成する必要があります。build_vocab メソッドを用いると、対応するフィールドに対して、語彙を作成できます。

```
# フィールドごとに辞書を作成する
text_field.build_vocab(train_data)
label_field.build_vocab(data)
```

最後に、単語の意味ベクトルを読み込む処理を行った上で、ロードした

データセットを返却します。torchtext では、torchtext.vocab.Vectors のコンストラクタにファイル名を渡すことで、意味ベクトルの読み込みができます。ここでは、構築した語彙を用いて意味ベクトルを参照できるようにするため、load_vectors メソッドを用いて、語彙に対応した意味ベクトルを構築しています。

```
# 学習した意味ベクトルを読み込む
vectors = Vectors(emb_file)
text_field.vocab.load_vectors(vectors)

return (train_data, test_data, text_field, label_field)
```

4.5.4 モデルの定義

では、次にニューラルネットワークのモデルを定義してみましょう。PyTorch を使うと、モデルを少量のコードで記述できます。

ここでは、シンプルな **Neural Bag-of-Words**（**NBoW**）というモデルを用いたテキスト分類を実装してみます。このモデルは、記事を、記事中に出現する単語に対応するベクトルすべての平均で表すという非常に単純なものです。しかしながら、テキスト分類の課題においては、より複雑で表現力の高いニューラルネットワークのモデルを超える、もしくはほぼ同等な性能を達成できることが報告されています[注5][注6]。

では、まずはモデルを nbow_model.py に定義していきましょう。また、このファイルは、dataset.py と同様に、あとに作成する nbow_train.py からインポートして利用します。

注5 Joulin, Armand, et al. "Bag of Tricks for Efficient Text Classification." Proceedings of the 15th Conference of the European Chapter of the Association for Computational Linguistics. 2017.

注6 Shen, Dinghan, et al. "Baseline Needs More Love: On Simple Word-Embedding-Based Models and Associated Pooling Mechanisms." Proceedings of the 56th Annual Meeting of the Association for Computational Linguistics. 2018.

(ch4/nbow_model.py)

```python
from torch.nn import Module, EmbeddingBag, Linear, Parameter

class NBoW(Module):
    """Neural Bag-of-Wordsモデルを定義"""
    def __init__(self, class_size, vectors):
        super(NBoW, self).__init__()
        # 単語ベクトルの平均を用いて特徴ベクトルを作成するレイヤー
        self.nbow_layer = EmbeddingBag(vectors.size(0), vectors.size(1))
        # 単語ベクトルの初期値として学習した単語の意味ベクトルを用いる
        self.nbow_layer.weight = Parameter(vectors)
        # 各クラスに対応するスコアの出力を行うレイヤー
        self.output_layer = Linear(vectors.size(1), class_size)

    def forward(self, words):
        """単語IDのリストを入力として、各クラスに対応するスコアを返す"""
        # 単語ベクトルの平均を用いて特徴ベクトルを作成する
        feature_vector = self.nbow_layer(words)
        # 各クラスに対応するスコアの出力を行う
        return self.output_layer(feature_vector)
```

PyTorchでは、torch.nn.Moduleを継承したクラスの中で、ニューラルネットワークの構造を定義することで、モデルを定義します。ニューラルネットワークでは、モデルを構成するモジュールを「レイヤー」と呼びます。ニューラルネットワークの構造を定義するには、まず、用いるレイヤーをコンストラクタ内で定義し、forwardメソッドで、モデルの実行時の挙動を記述します。このモデルのコンストラクタは、引数として、カテゴリ数（class_size）と単語の意味ベクトル（vectors）の2つをとります。

このモデルは、以下の2つのレイヤーで構成されます。

- **NBoWレイヤー**（nbow_layer）：単語の意味ベクトルの平均を計算するレイヤー
- **出力レイヤー**（output_layer）：NBoWレイヤーの出力を受け取り、クラスごとのスコアを計算するレイヤー

上述したように、PyTorchのモデルでは、モデルの実行時の挙動を

forwardメソッド内で定義します。このモデルでは、forwardメソッドに対して、記事中に含まれる単語のリスト（words）を入力すると、NBoWレイヤーが、それぞれの単語ベクトルを平均し、特徴ベクトル（feature_vector）を作成します。このNBoWレイヤーの出力が、出力レイヤーに入力され、各カテゴリに対応するスコアが計算されて、返されます。ここで、単語のリストは、前述した語彙によって、文字列から各単語を表すIDに変換されて入力されます。

4.5.5　モデルの訓練とテスト

次に上記で作成したモデルを用いて学習を行うtrain関数を定義します。

ニューラルネットワークの学習においては、一般的にデータセットの中に含まれるアイテムを、**ミニバッチ**と呼ばれる数十～数百個程度のアイテムで構成される小さな単位に分割します。例えば、1,000個のアイテムが含まれるデータセットで、各ミニバッチに含まれるアイテム数が20個の場合、50個のミニバッチが生成されます。そして、それぞれのミニバッチを順に読み込みながら、ミニバッチに対するモデルの出力と教師値の誤差を小さくするように少しずつ各パラメータを更新する、誤差逆伝搬法という方法で学習を行います。具体的には、誤差に対するモデル内の各パラメータの偏微分の値（勾配）を計算し、この値を用いて、誤差が小さくなるように各パラメータの更新が行われます。また、モデル内のパラメータには、NBoWレイヤーに含まれる単語ベクトルや出力レイヤーに含まれるパラメータが含まれます。

それでは、コードを見ていきましょう。

(ch4/nbow_train.py)
```python
import torch
import torch.nn.functional as F
from torchtext.data import Iterator
import dataset
import nbow_model

def train(dataset_dir, emb_file, epoch, batch_size):
```

```
"""テキスト分類問題を解くNeural Bag-of-Wordsモデルを訓練する"""
(train_data, test_data, text_field, label_field) = dataset.load_ ⏎
data(dataset_dir, emb_file)

# NBoWモデルのインスタンスを作成する
class_size = len(label_field.vocab)
nbow = nbow_model.NBoW(class_size, text_field.vocab.vectors)

# モデルを訓練モードに設定する
nbow.train()

# パラメータの更新を行うオプティマイザーを作成する
optimizer = torch.optim.Adam(nbow.parameters())

# データセットのイテレータを作成する
train_iter = Iterator(train_data, batch_size)
for n in range(epoch):
    for batch in train_iter:
        # オプティマイザーを初期化する
        optimizer.zero_grad()
        # モデルの出力を計算する
        logit = nbow(batch.text.t())
        # 誤差逆伝搬を実行する
        loss = F.cross_entropy(logit, batch.label)
        loss.backward()
        # パラメータを更新する
        optimizer.step()

    # モデルを評価モードに設定する
    nbow.eval()
    # テストデータを用いてモデルの正解率を計算
    (accuracy, num_correct) = compute_accuracy(nbow, test_data)
    print('Epoch: {} Accuracy: {:.2f}% ({}/{})'.format(n + 1, ⏎
accuracy * 100, num_correct, len(test_data)))
    # モデルを訓練モードに設定する
    nbow.train()
```

まず、上で作成したNBoWモデルのインスタンスを生成し、モデルを訓練モードに設定します。その後、モデルに含まれるパラメータの更新を行う

Adam オプティマイザー（torch.optim.Adam）を生成します。**オプティマイザー**は、ニューラルネットワークに含まれる各パラメータをどのように更新するかを計算するためのしくみです。Adam オプティマイザーは、現在処理しているミニバッチにおける勾配だけでなく、過去のミニバッチでの勾配の情報も加味してパラメータを更新することで、多くのデータにおいて安定した動作をすると言われています。

次に、訓練データをミニバッチ単位でイテレーションするためのイテレータ（torchtext.data.Iterator）のインスタンスを作成した上で、訓練データのミニバッチを順にイテレータから取り出しながら、モデルの出力を計算し、誤差逆伝搬法によってパラメータを更新します。また、訓練データを一周学習するごとに、後述する compute_accuracy 関数を用いて、テストデータでのモデルの分類精度を計測し、表示します。

また、train 関数は、引数として、データセットが格納されているディレクトリ名（dataset_dir）、単語ベクトルのファイル名（emb_file）、訓練データを何周イテレーションするか（epoch）、1 つのミニバッチに含まれるアイテム数（batch_size）を受け取ります。ここで、epoch や batch_size のようなモデルの挙動を制御する値は、ハイパーパラメータと呼ばれ、一般にデータセットの性質によって最適な値が異なります。このため、さまざまなハイパーパラメータで性能を計測することで、最適な値を探索することがよく行われます。

では、モデルの分類精度を計測する compute_accuracy 関数を見ていきましょう。

```
def compute_accuracy(model, test_data):
    """モデルの分類精度を計測し表示する"""
    test_size = len(test_data)
    # テスト用のデータを取り出す
    test_data = next(iter(Iterator(test_data, test_size)))
    # モデルにテストデータを入力
    logit = model(test_data.text.t())
    # 正解したアイテム数と分類精度を計算
    num_correct = (torch.max(logit, 1)[1].view(test_size) == test_data.↩
label).sum().item()
```

4.5 PyTorchで日本語ニュース記事を分類する

```
    accuracy = float(num_correct) / test_size
    return (accuracy, num_correct)
```

この関数は、精度を計測するモデル（model）とテストデータ（test_data）を入力として受け取り、テストデータ上での精度を計測します。

では、nbow_train.pyを実行した際に、先ほどのtrain関数が実行されるようにしましょう。

```
if __name__ == '__main__':
    train(dataset_dir=sys.argv[1], emb_file=sys.argv[2], epoch=int(sys.argv[3]),
          batch_size=int(sys.argv[4]))
```

では、学習を実行してみましょう。

```
$ python nbow_train.py text jawiki_word2vec.txt 50 32
```

ここでは、epochを50、batch_sizeを32として学習を行っています。実行すると、各イテレーションごとにテストデータ上での分類精度が表示され、学習が進むごとに分類精度が向上しているのがわかると思います。

（実行結果）

```
Epoch: 50 Accuracy: 95.57% (2112/2210)
```

筆者の環境では、最終的に95.57%の精度で、記事を分類できるモデルが学習できました。これらの結果は、ハイパーパラメータによって異なってきますので、さまざまな組み合わせで試してみましょう。

4.6 本章のまとめと次のステップ

本章では、大規模なテキストデータから、単語の意味ベクトルを学習する方法について解説しました。また、学習した意味ベクトルを使って、単語の類似度、アナロジー、テキストの分類などの課題が解けることを学習しました。単語の意味ベクトルの学習には、Word2vec以外にもスタンフォード大学の研究チームが提案したGloVeや、Facebookの研究チームが提案したFastTextなど、さまざまな方法が提案されています。

awesome-embedding-models[注7]には単語の意味表現の学習に関するさまざまな論文へのリンクや訓練済みの意味ベクトルの情報が掲載されています。また、単語以外にも、文書（doc2vec）や、ツイート（tweet2vec）、グラフ上のノード（node2vec）、Wikipediaのエンティティ（Wikipedia2Vec）など、さまざまなものをベクトル化する手法が提案されています。awesome-2vec[注8]では、こうした手法とそれぞれに関する簡単な解説がリスト形式で提供されています。また、4.5節で用いたPyTorchは、ニューラルネットワークのモデルを柔軟性高く記述できるため、自然言語処理に限らず、さまざまなニューラルネットワークの実装に幅広く使われています。例えば、PyTorch公式の事例集[注9]には、PyTorchを用いて問題を解くためのいくつかの事例が掲載されています。また、ニューラルネットワークを用いた自然言語処理については、以下の書籍に解説されています。

- Yoav Goldberg著、加藤恒昭、林良彦、鷲尾光樹、中林明子訳「自然言語処理のための深層学習」共立出版、2019年
- 坪井祐太、海野裕也、鈴木潤著「深層学習による自然言語処理」講談社、

注7 https://github.com/Hironsan/awesome-embedding-models
注8 https://github.com/MaxwellRebo/awesome-2vec
注9 https://github.com/pytorch/examples

2017 年

　自然言語処理の全般的な内容に関しては、さまざまな書籍が出版されています。最初に読むのに適した自然言語処理の書籍としては、例えば、以下のものがあります。

- 小町守監修、グラム・ニュービッグ、萩原正人、奥野陽著「自然言語処理の基本と技術」翔泳社、2016 年
- 黒橋禎夫、柴田知秀著「自然言語処理概論」サイエンス社、2016 年

　また、ニューラルネットワークに限らず、機械学習の自然言語処理への適用に興味のある方には、例えば、以下のような書籍があります。

- 高村大也、奥村学著「言語処理のための機械学習入門」コロナ社、2010 年
- Christopher D. Manning、Hinrich Schutze 著、加藤恒昭、菊井玄一郎、林良彦、森辰則訳「統計的自然言語処理の基礎」共立出版、2017 年

# おわりに

次のステップ

　筆者の想いとしては、読者のみなさんが本書を読み終わったあとに実際のデータと向き合い、社会に対してアウトプットを出すことに貢献できたのであれば、これ以上嬉しいことはありません。

　仕事でそのようなチャンスがあれば積極的にチャレンジしていただきたいのですが、タイミングよくチャンスが訪れるかわかりません。そこで、次のステップとしていくつかを提案して、本書の締めとします。

いろんなデータにふれてみたいという場合は

　オープンに提供されているデータを手元で扱うことで、データの扱いに慣れることができます。本書の知識を使って、自分の手元でデータを解析することに挑戦してもらうために、データセット一覧を作成しました。実際の利用については各データセットの利用規約にしたがってください。

UCI Machine Learning Repository のデータセット

http://archive.ics.uci.edu/ml/index.php

Kaggle のデータセット一覧

https://www.kaggle.com/datasets

情報学研究データリポジトリ データセット一覧

https://www.nii.ac.jp/dsc/idr/datalist.html

データ統合・解析システム (DIAS) のデータセット一覧

https://www.diasjp.net/dias-datasetlist/

機械学習のアルゴリズムを学ぶには

　理論的な部分に興味がある場合は、次の書籍がお勧めです。

おわりに

- Sebastian Raschka、Vahid Mirjalili 著、株式会社クイープ 翻訳、福島真太朗 監訳「Python 機械学習プログラミング 達人データサイエンティストによる理論と実践」インプレス、2018 年
- 斎藤康毅 著「ゼロから作る Deep Learning —Python で学ぶディープラーニングの理論と実装」オライリー・ジャパン、2016 年
- Ian Goodfellow、Yoshua Bengio 著、松尾 豊、味曽野雅史、黒滝紘生 訳、Aaron Courville、岩澤有祐、鈴木雅大、中山浩太郎 監訳「深層学習」KADOKAWA、2018 年
- Trevor Hastie、Robert Tibshirani、Jerome Friedman 著、杉山 将、井手 剛、神嶌敏弘、栗田多喜夫、前田英作監訳、井尻善久、井手 剛、岩田具治、金森敬文、兼村厚範、烏山昌幸、河原吉伸、木村昭悟、小西嘉典、酒井智弥、鈴木大慈、竹内一郎、玉木 徹、出口大輔、冨岡亮太、波部 斉、前田新一、持橋大地、山田誠 訳「統計的学習の基礎 —データマイニング・推論・予測」共立出版、2014 年
- Christopher M. Bishop 著、元田 浩、栗田多喜夫、樋口知之、松本裕治、村田 昇 監訳「パターン認識と機械学習 上」丸善出版、2012 年
- Christopher M. Bishop 著、元田 浩、栗田多喜夫、樋口知之、松本裕治、村田 昇 監訳「パターン認識と機械学習 下」丸善出版、2012 年

機械学習を実際にアプリケーションへ組み込むには

　機械学習を実際にアプリケーションへ組み込む際には、クラウドを活用し、機械学習におけるマネージドサービスを利用することも 1 つの手です。例えば AWS の Amazon SageMaker[注1] などのサービスを利用することで、学習や予測を行う環境構築や運用のコストを削減できます。このように機械学習の本番環境への導入や運用のハードルはどんどん低くなっています。必要に応じて検討してみるのも良いでしょう。

注1　https://aws.amazon.com/jp/sagemaker/

さらに腕を磨きたい場合は

　Kaggle[注2]などのデータ解析のコンペティションに参加してみるのも良いかもしれません。Kaggleでは実際の企業が持つデータが提供され、そのデータを用いてデータ提供者が望む機械学習のモデルの精度を競い合います。高い精度を出し、上位に入賞した個人（もしくはチーム）に賞金やKaggle内での称号が与えられます。賞金や称号はわかりやすい目標になりますので、興味のある方はぜひ挑戦してみてください。

注2　https://www.kaggle.com/

索引

記号・数字
%%timeit 101

A
Accuracy 144
aggregate 80
applymap 100
astype 66

B
build_vocab メソッド 203

C
CBOW 184
chunksize 84
cluster 130
clustering 129
compute_accuracy 関数 208
concat 98
continuous bag-of-words モデル 184
CRISP-DM 55

D
DBpedia 185
deb 10
describe 79
distributional hypothesis 181
DOT 言語 148
dropna 117
dtype 67

F
Flask 3, 163, 171

G
Gensim 3, 183, 184, 187

Graphviz 18
groupby 79, 102

H
Homebrew 7

I
iloc 64
iris.info() 62

J
Jupyter Notebook 39
JupyterLab 26

L
load_data 関数 201
loc 64

M
map 100
Markdown 49
Matplotlib 46
MeCab 15
merge 98
monolithic 163

N
NBoW 204
NBoW レイヤー 205
Neural Bag-of-Words 204
np.where 98
Numpy 71

P
Pandas 2
pickle 169

217

索引

P

pip	9
Pipenv	20
pivot	103
Plotly	105
Precision	159
Python	vii, 6
Python 3	7
PyTorch	3, 183

Q

| query | 102 |

R

rank	75
read_html	83
read_sql	88
read 関数	61
Recall	159
requests	84

S

scikit-learn	2, 128
Series 型	65
skip-gram モデル	184
sort_index	76
sort_values	76, 98
SQL	86
SQLite	86

T

to_csv	82
to_dict	72
to_excel	83
tokenize 関数	201
tolist	72
torchtext	201
train_test_split 関数	144
TSV	82
type	65

U

| unique | 74 |

V

| value_counts | 92 |
| Visual Studio Code | 25, 26, 27 |

W

| Word2vec | 181, 182 |

あ

アナロジー推論	196
意味ベクトル	180
オプティマイザー	208

か

学習	165, 167, 168
学習器	133
型	65
カテゴリーデータ	74, 93
機械学習	122
記述統計量	77
教師あり学習	128, 132
教師データ	128, 132
教師なし学習	129
クラスタ	130
クラスタリング	129
グリッドサーチ	154, 155
形態素解析	15
欠損値	117
決定木	142
語彙	203
コサイン類似度	193

さ

再現率	159
サンプリング	115
辞書内包表記	95
自然言語処理	180
実行時間	101
集計	78

出力レイヤー 205
正解率 144
正規化 109
セル 45

た

データフレーム 60, 70
データベース 86
適合率 159
デバッグ 33
デバッグツールバー 36
デバッグモード 35
特徴量 132

な

並び替え 76
ニューラルネットワーク 180

は

ハイパーパラメータ 208
外れ値 110
日付データ 68
不均衡データ 115
複数の集計 80
ブレークポイント 35
分布仮説 181
分類 199
分類器 133
ベクトル 180

ま

マイクロサービス 163
前処理 54
ミニバッチ 206
メカニカルターク 141
メソッドチェーン 107
モデル 165
モノリシック 163

や

予測 165, 167, 168

ら

ラベル 128
ラベル付け 128, 140
ランキング 75
ランダムフォレスト 152
リスト内包表記 93
類語検索 193
レイヤー 205

著者プロフィール

島田達朗（しまだたつろう）

Connehito 株式会社に所属。

コネヒトを創業し、日本の3人に1人のママが使うアプリ「ママリ」を開発。現在はAWSを中心としたインフラや自然言語処理を用いた機械学習基盤の構築に従事。博士（工学）。

Twitter アカウント：@tatsushim

越水直人（こしみずなおと）

AdAsia Holdings Pte. Ltd. に所属。

データ分析会社を経て、現職。2018年11月からタイ在住。PythonでWeb開発やデータ分析を行いつつ、最近はReactによるフロントエンド開発を担当。R言語でShinyによるWebアプリケーション開発も行っている。

Twitter アカウント：@ksmzn

早川敦士（はやかわあつし）

株式会社 FORCAS、株式会社ホクソエムに所属。

前職のリクルートコミュニケーションズでは B2C マーケティング、現職の FORCAS では B2B マーケティングプラットフォームのデータ分析及び開発を担当。大学在学中より『データサイエンティスト養成読本』（技術評論社）を共著にて執筆し、その後も執筆活動を続けている。国内最大級の R 言語コミュニティである Japan.R を主催。株式会社ホクソエム執行役員。1 年に 1 回のトライアスロンを目標にしている。

gepuro@gmail.com

山田育矢（やまだいくや）

株式会社 Studio Ousia に所属。

Python が大好きなエンジニア。大学在学中に学生ベンチャー企業を創業し、売却。その後、株式会社 Studio Ousia を設立し、Python を使った自然言語処理の技術開発を行う。NIPS、WWW、ACL、NACCL 等の著名な情報科学の国際会議内で開催されたコンペティションにて複数回の優勝経験を持つ。主に、自然言語処理や機械学習を応用した実用的な手法の開発に興味がある。博士（学術）。理化学研究所 AIP 客員研究員。

技術評論社

Python
エンジニア
ファーストブック

データ分析、Web開発などをはじめ、さまざまな場面で利用されるPython。本書は、これからPythonエンジニアになる/なりたい人のための、Pythonによる開発に業務として取り組むために必要な知識と心構え、開発の流れ、事前に準備しておきたい環境の用意などを1冊にまとめた書籍です。Python3系による開発の基本、文法はもちろん、スクレイピング、データ分析、Web開発など、現在開発の現場で求められている知識と開発の流れを学ぶことができます。

鈴木たかのり、清原弘貴、嶋田健志、
池内孝啓、関根裕紀　著
A5判／328ページ
定価（本体2,400円+税）
ISBN 978-4-7741-9222-2

大好評発売中！

こんな方におすすめ
・Pythonによる開発・プログラミングに取り組みたい新人・若手エンジニア

技術評論社

Python
ユーザのための
Jupyter
[実践]入門

Jupyter NotebookはPythonユーザを中心に人気の高い、オープンソースのデータ分析環境です。インタラクティブにコードを実行でき、その結果を多彩なグラフや表などによって容易に表現できます。本書では、実践的な活用ノウハウを豊富に交えて解説します。また、可視化に際しては、Pythonで人気のライブラリ「pandas」「Matplotlib」「Bokeh」を中心に解説します。

池内孝啓、片柳薫子、
岩尾エマはるか、@driller　著
B5変形判／416ページ
定価（本体3,300円+税）
ISBN 978-4-7741-9223-9

大好評発売中！

こんな方におすすめ
・PythonとJupyterでデータ分析や多様なグラフを出力したい方
・「pandas」や「Matplotlib」「Bokeh」の実践的な利用方法を知りたい方

PYTHON × MATH SERIES　　　　　　　　　　　　　　　　　　　**技術評論社**

Pythonで理解する統計解析の基礎

Pythonで理解する統計解析の基礎
STATISTICAL ANALYSIS WITH PYTHON

谷合廣紀 著
辻真吾 監修

プログラミングの力を使って 直感的に理解できる

膨大なデータを扱うときに基本となる知識が統計解析です。本書はこれから統計解析を学びたいと考える方に向けて、プログラミングの力を借りて実際にデータを確認することで、直感的な理解を促します。プログラミング言語にはPythonを利用します。

Pythonで統計解析を解説するメリットはいくつかあります。Python自体がシンプルで可読性が高い上に逐次実行できるため初心者でも理解しやすいと言えます。これ以外にも、Pythonは統計解析に関するライブラリが充実しており、複雑な計算やグラフの描画がかんたんにできます。また、Pythonは汎用的な言語ですので、システムの中にシームレスに組み込むことができます。本書によって統計解析を学習することで、Pythonのデータ解析スキルもあわせて習得できるでしょう。

谷合廣紀 著、辻真吾 監修
B5変形判／320ページ
定価（本体2,980円＋税）
ISBN 978-4-297-10049-0

大好評発売中！

こんな方におすすめ
・統計解析を学びたいPythonユーザ

技術評論社

Law of Awesome Data Scientist
前処理大全
データ分析のための SQL/R/Python実践テクニック

データサイエンスの現場において、その業務は「前処理」と呼ばれるデータの整形に多くの時間を費やすと言われています。「前処理」を効率よくこなすことで、予測モデルの構築やデータモデリングといった本来のデータサイエンス業務に時間を割くことができるわけです。本書はデータサイエンスに取り組む上で欠かせない「前処理スキル」の効率的な処理方法を網羅的に習得できる構成となっています。ほとんどの問題についてR、Python、SQLを用いた実装方法を紹介しますので、複数のプロジェクトに関わるようなデータサイエンスの現場で重宝するでしょう。

本橋智光 著、株式会社ホクソエム 監修
B5変形判／336ページ
定価（本体3,000円＋税）
ISBN 978-4-7741-9647-3

大好評発売中！

こんな方におすすめ
・データサイエンティスト
・データ分析に興味のあるエンジニア

■ Staff
装丁・本文デザイン●阿保 裕美（トップスタジオデザイン室）
DTP ●株式会社トップスタジオ
編集協力●島田 達朗
担当●髙屋 卓也

Pythonによるはじめての
機械学習プログラミング
[現場で必要な基礎知識がわかる]

2019年5月3日　初版　第1刷発行

著　者	島田達朗、越水直人、早川敦士、 山田育矢
発行者	片岡　巌
発行所	株式会社技術評論社 東京都新宿区市谷左内町 21-13 　　電話　03-3513-6150　販売促進部 　　　　　03-3513-6177　雑誌編集部
印刷／製本	日経印刷株式会社

定価はカバーに表示してあります。

本書の一部または全部を著作権法の定める範囲を越え、無断
で複写、複製、転載、あるいはファイルに落とすことを禁じます。

© 2019　島田達朗、越水直人、山田育矢、
　　　　　株式会社ホクソエム

造本には細心の注意を払っておりますが、万一、乱丁（ページの乱
れ）や落丁（ページの抜け）がございましたら、小社販売促進部
までお送りください。送料小社負担にてお取り替えいたします。

ISBN978-4-297-10525-9 C3055
Printed in Japan

■お問い合わせについて
　本書に関するご質問は記載内容についてのみとさせていただきます。本書の内容以外のご質問には一切応じられませんので、あらかじめご了承ください。なお、お電話でのご質問は受け付けておりませんので、書面またはFAX、弊社Webサイトのお問い合わせフォームをご利用ください。

【宛先】
〒162-0846
東京都新宿区市谷左内町 21-13
株式会社技術評論社　雑誌編集部
「Pythonによるはじめての
　機械学習プログラミング」係
FAX　03-3513-6173
URL　https://gihyo.jp

　ご質問の際に記載いただいた個人情報は回答以外の目的に使用することはありません。使用後は速やかに個人情報を廃棄します。